LES NOVVELLES PENSEES DE GALILEE,

MATHEMATICIEN ET INGENIEVR DV DVC DE FLORENCE.

Où il est traitté de la proportion des Mouuements Naturels, & Violents, & de tout ce qu'il y a de plus subtil dans les Mechaniques & dans la Physique.

Où l'on verra d'admirables Jnuentions, & Demonstrations, inconnuës iusqu'à present.

Traduit d'Italien en François.

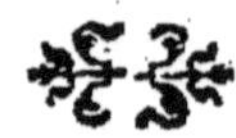

A PARIS,

Chez HENRY GVENON, ruë sainct Iacques, à l'Image de S. Bernard, prés les Iacobins.

M. DC. XXXIX.

AVEC PRIVILEGE DV ROY.

PREFACE,
AV LECTEVR.

Où l'on void de belles remarques des centres de grauité, & des parties aliquotes des nombres.

E Liure ne peut qu'il ne soit agreable à ceux qui ayment les sciences & les obseruations, puis qu'il en est tout remply; & bien que les demonstrations n'ayent peu estre mises par tout, à raison de la grande multitude des figures qu'il eust fallu: il y en a neantmoins assez pour donner sujet aux plus sçauans d'admirer l'excellent esprit du sieur Galileè, lequel nous a donné de tres-beaux secrets dans les Mechaniques, & dans les

Mouuemens naturels & forcez, ou violents, pour en contempler les proprietez
& les effects. Et si ces cinq Liures ne contiennent pas tous ses discours de mot à
mot, ils en donnent pour le moins toute
la substance, si l'on en excepte l'addition
qu'il fait des centres de grauité ; Mais
i'en mettray icy plusieurs remarques particulieres pour recompenser le traicté
qu'il en fait, lesquelles ont esté faites par
vn excellent Geometre : & puis i'ache-
ueray cette Preface par la contemplation
des nombres, dont les parties aliquotes
sont multiples, afin de suppleer ce qui
manque à la XIII. Obseruation mise à la
fin de l'Harmonie vniuerselle.

Or plusieurs ont trouué le centre de pesanteur de quelques corps, par exemple,
celuy du conoide, lequel ayant vn cercle
pour sa base, est descrit par vne parabole, qui torne autour de son aissieu, lequel
est tellement diuisé par ledit centre, en
trois parties esgales, que la distance depuis ce centre iusques au sommet de ce
conoide, est double de celle qui est depuis ce mesme centre iusques a la base.
Galilee dóne vn petit Traicté des centres

de grauité à la fin de son Liure : mais il y a
ce me semble peu de choses à dire sur
ce sujet, apres ce qu'Archimede, Commandin, Luc Valere, Steuin, & quelques
autres en ont demonstré. C'est pourquoy
ie mets seulement icy ce qu'en a remarqué vn excellent Geometre.

Soit donc A B C vne ligne courbe, de
telle nature, que
les segmens de
son diametre, par
exemple, BF, FG,
ayent entre-eux
mesme propor-
tion, que les cu-
bes des lignes ap-
pliquees par or-
dre à ces segmés,
à sçauoir I F,
H G, & que BD
soit l'aissieu, ou le
diametre de la
figure comprise
par cette ligne

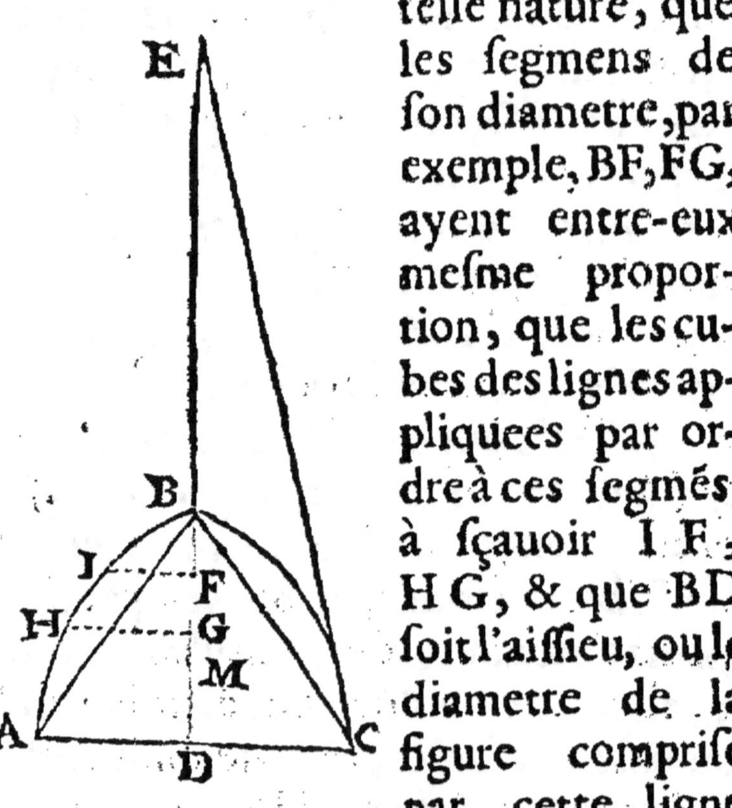

courbe A B C, & la droite A C.
Si l'on diuise ce diametre B D par le
poinct M, en telle façon que la ligne B M

foit à la ligne M D, comme quatre à trois, le poinct M, fera le centre de grauité de cette figure. Et en la courbe, où les fegmens des diametres font entr'eux comme les quarrez des quarrez des ordonnees, il faut faire B M à M D, comme cinq à quatre. En la fuiuante, où ces fegmens font comme les fur-folides des ordonnees, il faut faire B M à M D, comme fix à cinq. Et comme fept à fix, en celle où ces fequences font comme les quarrez de cube des ordonnees. Et comme huict à fept en la fuiuante, & ainfi des autres à l'infiny, pour trouuer leurs centres de grauité. Certes ceux qui fe plaifent à raporter à l'harmonie tout ce qui fe rencontre dans l'art, & dans la nature, ont icy de fort belles remarques, puifque le centre de la parabole quarree diuife l'axe en deux parties, qui font comme trois à deux. Les parties de celuy de la cubique font comme quatre à trois : de la quarree quarree, comme de cinq à quatre, & celles de la furfolide, comme fix à cinq, qui donnent les raifons de toutes les fimples confonances.

Outre cela, fuppofant que B D tombe

fur A C à angles droicts, & que A B C
foit vn conoide defcrit par la ligne courbe A B ou B C, meuë circulairement autour de l'aiffieu B D : en forte que la bafe
A C foit vn cercle, l'on trouuera le centre de ce corps A B C D, lors que la courbe A B C, eft celle dont les fegmens du
diametre font comme les cubes des ordonnees, fi l'on fait B M á M B, comme
cinq à trois. Si c'eft la fuiuante, il faut la
faire comme fix à quatre : fi l'autre fuiuante, comme fept à cinq : fi l'autre, comme huict à fix, & ainfi à l'infiny.

De plus, fi l'on veut fçauoir les aires
de ces figures, en la premiere la furface
comprife par cette courbe , & la ligne
droicte A C , eft au triangle infcrit A
B C, côme fix à quatre. Et comme huict
à cinq en la feconde ; comme dix à fix en
la troifiefme, & comme douze à fept dans
la quarriefme, & ainfi à l'infiny.

Et fi A B C eft le premier conoide, c'eft
à dire celuy qui eft defcrit par la premiere de ces lignes, il eft au cone infcrit,
comme neuf à cinq : fi c'eft le fecond, il
eft à ce cone comme douze à fix : fi c'eft
le troifiefme, comme quinze à fept : fi le

á v

quatriefme, comme dix-huiſt à huiſt : ſi
le cinquiefme, comme vingt & vn à neuf,
& ainſi à l'infiny.

En fin pour trouuer leurs tàngentes, en
la premiere de ces courbes, ſi elle eſt touchee au poinſt C, par la ligne droiſte CE.
BE ſera double de BD, & triple de la
meſme BD en la ſeconde ; quadruple en
la troiſieſme, & quintuple en la quatrieſme, & ainſi à l'infiny.

Ie viens maintenant aux parties aliquotes, leſquelles font plus de peine à
trouuer, que nulles autres difficultez de
Geometrie ; de la viét que pluſieurs n'en
ont peu venir à bout. Or le premier nombre dont on a pris ſujet d'y trauailler, eſt
120. dont les parties aliquotes font le
double, à ſçauoir 240. Iamais l'on n'en
auoit trouué d'autres que ie ſçache , &
meſme la pluſpart des Analyſtes ne ſça-
uoient pas s'il y en auoit de ſemblables,
iuſques à ce que d'excellens Geometres,
Analyſtes & Arithmeticiens, ont adiouſté
depuis peu de temps 672. 523776. &
14763048 96. qui ont la meſme proprieté ; & de plus, vn excellent eſprit a trouué que le nombre qui ſuit, dont les par-

ties aliquotes font auffi le double, à fçauoir 459818240. eftant multiplié par 3.
c'eft à dire eftant triple, produit le nombre 1379454720. dont les parties aliquotes font le triple. Ils en ont encore trouué
qui font fous-triples de leurs parties aliquotes, par exemple, ceux qui fuiuent,
30240. 32760. 23569920. 45532800.
142990848. 43861478400. 66433720320.
403031236608. aufquels ils en peuuent
adioufter mille autres qui auront la mefme proprieté, & mefme qui feront qua-
druples de leurs parties aliquotes, côme
font les trois qui fuiuent, 14182439040.
508666803200. & 30823866178560.
& tant qu'on voudra d'autres, dont les
parties aliquotes feront le quintuple, le
fextuple, le cétuple, &c. iufques à l'infiny.
ce qui n'auoit point efté cónu que iufqu'à
prefent. L'on n'auoit point auffi connu
d'autres nombres, dôt les parties aliquotes prifes alternatiuemét reproduififfent
les mefmes nombres amiables, que 284.
& 220. lefquels on appelle *amiables*, parce
que les parties aliquotes de 284. font
220. & celles de 220. font 284. Mais l'on
a depuis peu trouué les deux couples qui

ſuiuent, 18416. 17296. & 9437056.
4363584. Or ie mets icy la methode
qu'vn excellent Geometre a donnee,
pour trouuer vne infinité de nombres
ſemblables aux precedents, c'eſt à dire,
leſquels eſtans pris deux à deux, l'vn eſt
eſgal aux parties aliquotes de l'autre, &
reciproquement l'autre eſt eſgal aux parties aliquotes du premier. Voicy la regle.

Si l'on prend le binaire, ou tel autre
nombre qu'on voudra, produit par la
multiplication du binaire, pourueu qu'il
ſoit tel, que ſi l'on oſte l'vnité du nombre
qui luy eſt triple, il ſoit nombre premier;
de meſme que le nombre ſextuple, dont
on oſte l'vnité, ſoit nombre premier : &
finalement, ſi l'vnité eſtant oſtee du nombre octodecuple de ſon quarré, il eſt encore nombre premier, & que l'on multi-
plie ce dernier nombre par le double du
nombre que l'on a pris, l'on aura vn nombre dont les parties aliquotes donneront
vn autre nombre, duquel les parties aliquotes produiront le nombre precedent:
par exemple, ie prends trois nombres, 2.
8. & 64. & trouue les trois couples des
nombres precedens.

Ie laisse mille autres remarques de peur d'oublier la principale, à sçauoir qu'il est necessaire de corriger toutes les fautes de l'impression, mises à la fin du Liure, auant que de le lire, lequel est si court & si petit, que chacun le peut porter aux champs pour se recreer.

TABLE DES MATIERES
contenuës en ce Liure.

Table des matieres.

F I N.

LIVRE PREMIER.
DES NOVVELLES
PENSEES DE GALILEE,
touchant les Mechaniques
& la Physique.

Ie diuise ce Liure en 24. Articles, à raison des
24. choses principales qui y sont expli-
guees, & prends la liberté de remarquer
ce que i'ay reconnu estre contre l'experience, afin que nul ne soit preoccupé d'aucun erreur.

ARTICLE I.

*Que les grandes machines ne sont pas si fortes que les
petites, à proportion de leur grandeur.*

GALILEE prend sujet de parler
des machines, en considerant
que les grands vaisseaux de
mer, comme les Galeaces de l'Arsenac

de Venise, ne resistent pas tant, à proportion de leur grandeur, comme font les petits vaisseaux ; & soustient que ce que l'on dit ordinairement, que les machines reüssissent mieux en petit qu'en grand, n'est pas tousiours veritable, puisque les grands horloges marquent les heures plus iustement que les petits.

Il dit en suite, qu'encore que les machines ne suiuent pas l'idee de l'esprit, à raison des differentes alterations, ausquelles la matiere est sujette, qu'il arriueroit neantmoins la mesme chose, bien que leur matiere ne fust sujette à nulle alteration, parce qu'elles deuiennent plus foibles, & resistent moins, à proportion qu'on les augmente ; de sorte qu'on peut demonstrer Geometriquement, que toutes sortes d'instruments, tant artificiels que naturels, ont des bornes qu'ils ne peuuent surpasser, quoy que l'on obseruiustement toutes les proportions, & que leur matiere soit tres-vniforme. Par exemple, lors que la longueur d'vne colomne ou d'vn baston, sellez dans vne muraille, & s'estendans horizontalement, sera centuple de leur grosseur, si

l'on adioufte tant foit peu à cette longueur, la colomne fe rompra d'elle-
mefme : de là viét qu'vn cheual, ou quelque autre gros animal fe romproit les os,
s'il tomboit de cinq ou fix toifes de haut,
au lieu qu'vn chien ou vn chat ne fe blef-
feroit pas : qu'vn fourmy tombant depuis le haut d'vne tour, ou mefme depuis
la Lune, ne fe feroit aucun mal : qu'vn
petit enfant ne fe bleffe pas fi fort en tombant, comme vn grand hôme ; & qu'vn
chefne haut de deux cens braffes ne fou-
ftient pas fi bien fes branches, qu'vn petit
chefne, &c. C'eft pourquoy la nature ne
peut faire de cheual, ou d'homme dix fois
plus grands que les ordinaites, fans vn
miracle particulier, parce que les os fe
romproient d'eux-mefmes, quoy qu'ils
gardaffent la proportion du grand au petit. C'eft pourquoy l'on ne peut efleuer
les grandes colomnes & les aiguilles de
marbre, fans vn grand peril de les rompre ; à raifon que leur pefanteur contri-
buë dauantage à leur rupture, que celle
des petites colomnes. A quoy il rapporte
l'accident d'vne colomne qui s'eft rompuë par le milieu, apres qu'vn Artifan eut

mis vn troiefme appuy fous ledit milieu,
craignant qu'elle ne fe rompift par cét
endroit, au lieu qu'elle ne s'eftoit point
rompuë lors qu'elle n'auoit que deux appuis à fes deux extremitez : ce qui ne fuft
pas arriué à vne petite colomne, quoy
que femblable, tant en groffeur qu'en
longueur, dont il donne la raifon en fa
feconde iournee.

Ce qui femble merueilleux, en ce que
l'on experimente que la force des corps a
couftume de croiftre dauantage que leur
groffeur, puis qu'vn cloud ou vn bafton
double en groffeur d'vn autre, eft huict
fois plus fort que le bafton, & le cloud
fous double. Et neantmoins nous voyons
que les perits animaux font fouuent plus
forts à proportion, que ne font les plus
grands. Ce font là les difficultez d'où il
prend occafion de difcourir de la force &
de la refiftence des cylindres ou des colomnes, & d'en faire vne nouuelle fcien-
ce des Mechaniques, comme l'on verra
dans les Articles fuiuans.

ARTICLE II.

D'où vient la grande force des colomnes qui sont si difficiles à rompre, estant tirees de haut en bas, & si la seule crainte du vuide en peut estre la cause.

A

B

POvr bien entendre cette difficulté, il faut s'imaginer que la ligne A B, soit vne colomne attachee en haut à vn plancher, ou à vne voûte, au poinct A, & qu'elle soit tiree perpendiculairement de haut en bas par vn poids attaché au point B. Or il est certain que la force d'vne colomne de bois ou de marbre, ou de telle autre matiere qu'on voudra, n'est pas infinie, & partant que l'on peut tellement augmenter le poids ou la force B, que la colomne A B, se rompra, comme feroit vne chorde de chanvre, ou de cuivre: car les cylindres, ou autres pieces de bois prennent leur force des filaments & des fibres, dont ils sont tissus, comme

A iij

font les chordes, quoy qu'ils soient beaucoup plus forts. Quant aux cylindres de
metal, qu de marbre, où il ne paroist
point de tels filaments, il semble que la
resistance de leurs parties vienne de
quelque sorte de colle naturelle.

La grande force ou resistance des
chordes de chanvre vient de ce que chaque filet est tellement pressé par les autres, auec lesquels il est entortillé, que
lors qu'on tire la chorde, nul filet ne peut
se separer : de là vient, qu'elle se rompt
quasi comme feroit vn morceau de marbre, côme si elle estoit coupee, sans que
les filaments se quittent les vns les autres : d'où il arriue qu'elle se rompt aussi
bien en la tendant, qu'en la tirant.

Cette resistence des fibres & filaments,
s'explique assez bien, par les filets que
l'on tient entre les doigts : car l'on a dautant plus de peine à les tirer, & à les separer, qu'on les estreint plus fort ; & s'ils
sont entortillez autour du doigt, ils rompent plustost que de quitter. Ce qu'il explique par deux cylindres qui pressent
vne chorde ; & par son entortillement
autour de l'vn desdits cylindres : car cét

entortillement fait que plus on la tire de
haut en bas, & plus elle estraint le cylindre : de sorte qu'elle resiste daütant plus,
que ses plis & tortils sont en plus grand
nombre, & plus pres à pres, à raison que
la chorde touche le cylindre en vn plus
grand nombre de parties. Et parce qu'il y
a vne grande multitude de semblables
entortillemens dans les chordes de chanvre, il arriue qu'elles resistent merueil-
leusement, auant que de rompre en les tirant. De là vient aussi qn'vne chorde en-
tortillee au tour de l'axe des grües & autres engins, qui seruent pour leuer des
fardeaux rres-pesans, ne lasche point, encore qu'elle ne tienne à nulle cheuille, &
qu'vn homme en tienne l'extremiré auec
vne seule main.

A quoy se rapporte l'inuention du petit cylindre creusé tout autour, en forme
d'helice ou de viz, afin de faire couler
vne chorde, qui sert à descendre du haut
d'vne tour sans se blesser les mains : de
sorte qu'on se repose quand on veut, &
qu'on descend' plus ou moins viste, selon
qu'on estraint plus ou moins la chorde
contre ledit cylindre, qui est couuert

d'vn autre morceau de bois, ou de quelque autre matiere creuse, qui sert pour
enfermer la chorde & le cylindre.

A pres cét entortillement de filamens
& de fibres, par lequel on explique la tis-
sure, qui fait que les cylindres de bois, &
les chordes ont vne si grande resistence,
il dit que la fuite du vuide est cause de la
resistance des cylindres, qui n'ont point
de fibres, outre la colle naturelle, qui as-
semble & vnit leurs parties.

Quant à la resistance de la part du vuide, elle se remarque à la difficulté que
l'on a, lors que l'on tire perpendiculairement vn morceau de marbre bien poly
de dessus vn autre piece, qui est aussi polie : car la piece de dessus emporte & tire
auec soy celle de dessous, qui ne peut s'en
separer, à raison qu'il y auroit du vuide,
quoy que pour aussi peu de temps, qu'il
en faut pour le mouuement de l'air exterieur iusques au milieu de la piece : par
exemple, s'il y a vn pied depuis ses extremitez iusques au milieu, l'air n'employeroit pas vne tierce minute à faire ce
chemin : car ses cercles font naturelle-
ment vingt-trois pieds dans vne tierce.

L'on void la difficulré de cette feparation aux morceaux de bois ou de pierre, qui s'entretouchent fans eftre polis : & parce que l'attouchement mutuel des parties qui compofent les cylindres de pierre & de metal, eft tres-exact, il arriue qu'elles refiftét merueilleufement, auant qu'elles fe rompent, & qu'elles cedentà la force qui les tire.

De cette refiftance des morceaux de pierre polie, ou d'autre matiere, qui ne fe feparent pas pour la crainte du vuide : l'on peut conclure contre Ariftote, que le mouuement ne fe feroit pas dans le vuide en vn inftant, autrement cette crainte n'empefcheroit pas leur feparation, parce qu'il rempliroit dans le mefme moment de la feparation tout le vuide que l'on pourroit craindre. Et parce que lefdites pierres fe peuuent feparer par force, il s'enfuit que le vuide demeure quelque temps fans eftre remply. Mais fi l'on confidere que la difficulté de cette feparation precede le vuide, lequel n'eft qn'vne priuation qui n'agift point, comme quoy fe peut-il faire que cette crainte foit caufe de cette refiftance, fi ce n'eft que l'on die que la nature abhorre l'impossible. Galilee ne respond point à cette difficulté, qu'il quitte, pour monstrer cóme l'on peut distinguer & separer la force que peuuent auoir les cylindres, à raison de la crainte du vuide, d'auec celle qui leur vient de leur colle, ou d'ailleurs.

Et pour ce sujet il vse d'vn cylindre d'eau, dont les parties n'ont nulle resistance à se separer, que celle qui vient de la seule crainte du vuide, lequel apres auoir enfermé dans vn cylindre creux de metal, ou de verre creusé, & tourné bien exactement, comme est vn seau cylindrique, lequel ne doit pas estre tout à faict remply, il y adiouste vn autre cylindre tout massif, que l'on peut nommer vn *Embolus*, dans lequel il fait vne entailleure pour laisser sortir l'air, laquelle il remplit d'vne verge de fer, apres que l'air est forty, afin qu'il n'y ait rien entre le cylindre d'eau, & celuy de bois, ou l'embolus, c'est à dire le tampon, qui touche l'eau.

Cette preparation estant faite, il attache des poids au bout crochu de la verge

de fer, iufques à ce que leur pefanteur tire le tampon de dedans le cylindre creux,
& le fepare d'auec l'eau, & conclud que
la force, ou la pefanteur qui fait cette feparation, monftre la refiftance qu'ont les
cylindres pour la feule crainte du vuide.
Or il fuffit que le feau ou le cylindre
creux ait deux ou trois doigts de hauteur d'eau, & que l'on pouffe tellement
le tampon iufques à la furface de l'eau,
que tout l'air forte par ladite entailleure,
qui fe remplit en tirant la verge de fer,
qui a fon extremité d'enhaut faite en cone renuerfé, afin qu'en la tirant, ce cone,
qui remplit la plus grande largeur de
l'entailleure faite au tampon, empefche
que la verge de fer tiree par la pefanteur,
n'efchape & quitte ledit tampon: lequel
ayant efté feparé de l'eau par la force du
poids, il faut pefer ledit tampon, la verge de fer, & les autres pefanteurs, & puis
en attacher autant au bout de la colomne de marbre, de mefme groffeur que le
cylindre d'eau ; fi elle fe rompt auec le
mefme poids, l'on conclura que fa refiftance ne vient que de la feule crainte du
vuide : & s'il y faut adioufter quatre fois

autant de pesanteur, ladite crainte ne
contribuera que la cinquiesme partie de
la resistance.

Il ne s'arreste pas aux difficultez que
l'on fait sur ce que l'air, ou quelque autre
corps plus subtil peut passer àtrauersle
verre, ou les autres vases, & entre l'embolus & la verge de fer, parce qu'il s'ensuiuroit que le vase se gonfleroit au haut,
ce qui n'arriue pas : & puis il passe
à vne autre difficulté, qui consiste à sçauoir pourquoy vne pompe, qui tire l'eau
par aspiration, & non par impulsion , n'en
peut plus tirer, lors que l'eau s'est vn peu
plus abbaissee qu'à l'ordinaire : de sorte
qu'il est impossible qu'elle tire, lors que
l'eau est basse de plus de dix-huict brasses, quoy que la pompe soit estroitte, ou
large tant qu'on voudra. D'où il conclud qu'il arriue quasi la mesme chose à
ce cylindre d'eau de dix-huict brasses,
qui ne peut plus estre soustenu, qu'à vne
chorde & vn cylindre de fer, de marbre,
&c. qui se rompent d'eux-mesmes, lors
qu'ils sont trop longs pour se soustenir &
se conseruer. C'est pourquoy si l'on pese
vn cylindre d'eau de dix-huict brasses de

long, on aura la force & la pesanteur qui
suffit pour vaincre ou pour esgaler la resistance des cylindres, qui depend de la
crainte du vuide, lors que les cylindres
seront de mesme grosseur que celuy de
l'eau.

D'où l'on conclud encore qu'elle doit
estre la longueur d'vne chorde ou verge
de fer, pour se rompre par son propre
poids : par exemple, si l'on prend vne
chorde de leton, comme sont celles de
l'Epinette, & qu'il falle luy attacher
cinquante liures pour la rompre, lors
qu'elle sera assez logue pour peser cinquante liures, elle se rompra d'elle-mes-
me : si elle est longue d'vne brasse, qui
pese la huictiesme partie d'vne once, &
que cinquante liures la rompent, il faut
conclure qu'elle se rompra d'elle-mes-
me, lors qu'elle aura quatre mille huict
cens & vne brasses, puis qu'il y a quatre
mil huict cens huictiesmes d'onces dans
cinquante liures. Et si l'on veut trouuer
la resistance de cette chorde, à raison de
la crainte du vuide, il faut peser la longueur d'vn cylindre d'eau de dix-huict
brasses, qui soit de mesme grosseur que

ladite chorde : & ayant trouué que le leton eft, par exemple, neuf fois plus pefant
que l'eau, il s'enfuiura que la refiftance
de la chorde dépendant du vuide, refpond à la pefanteur de deux braffes de ladite chorde; ce qu'il faut femblablement
conclure de tous les autres cylindres, de
quelque groffeur ou matiere qu'ils puif-
fent eftre.

Mais quant à la refiftance qui vient de
la colle, qu'eft-ce que fe peut eftre, puis
que la fufion de l'or & des autres metaux,
ou du verre, ne fait point perdre cette
colle : car ils la reprennent auffi-toft
qu'ils font refroidis ; ioint qu'il faudroit
vne nouuelle colle pour attacher cette
colle au verre, ou à la matiere des cylindres.

Cette difficulté le fait refoudre à croi-
re qu'il n'y a que la feule crainte du vuide, qui foit caufe de la refiftance des cylindres de metal : ce qu'il prouue par l'a-
ctiuité du feu, qui fait fondre l'or, & les
autres metaux, en s'infinuant dans leurs
pores, qui font fi petits, que l'air, ny aucun
autre corps fluide n'y peut entrer : de
forte qu'vne infinité de petits vuides

peut estre cause d'vne grande force, comme il arriue à plusieurs autres petites forces, qui iointes ensemble font de grands efforts, comme l'on experimente dans les armees, & dans les atomes ou petites parcelles, qui composent l'eau, & les vapeurs, qui accourcissent les gros chables en les grossissant, & leur font leuer d'estranges pesanteurs, par exemple, vn million de liures, D'où il conclud que des fourmis peuuét mener vn Nauire chargé de bled, pourueu qu'il y en ait autant comme il y a de grains.

EXPERIENCE.

IE veux icy adiouster la force qu'il faut pour rompre vne colomne, ou vn cylindre de leton long d'vn pied & demy, dont la base ait vn pied de diametre, supposé que sa resistance suiue celle de mon cylindre, dont la base a seulement la sixiesme partie d'vne ligne en son diametre : ie dy donc, que puis qu'il faut dix-huict liures pour rompre ce cylindre, le gros portera 13436928. liures, auant que de rompre : car leur force doit estre comme leurs bases, lesquelles sont en raison doublee de leurs diametres. Or le diametre de la base du moindre cylindre est à celuy de la base du plus grād, comme 1. à 864. donc leurs bases sont de 1. à 746496. de sorte qu'il faut multiplier cette base par dix-huict, puisque la force ou resistāce du petit cylindre, est de dix-huict liures, & l'on aura 13436928. liures, pour rompre le plus gros cylindre : lequel rompra par son propre poids, lors qu'il sera si long qu'il pesera lesdites liures : ce qui arriuera à peu prés, lors qu'il aura trois mil trois cens cinquante huict toises de long. L'on trouuera dans la septiesme proposition du troisiesme Liure Latin de la Musique, combien resistent les cylindres d'or, d'argent, & d'acier, auant que de se rompre. Mais parce qu'il veut expliquer comme quoy il se peut rencontrer vne infinité de petits vuides dans vne estenduë finie, il faut commencer vn nouuel Article.

ARTICLE

ARTICLE III.

Expliquer comment le moindre Cercle concen-
trique fait autant de chemin que le plus
grand, lors qu'ils tournent ensemble sur
des plans differents.

GALILEE donne vne nouuelle solution de la vingt-quatriesme que-
stion des Mechaniques d'Aristote, apres
tout ce que les autres Geometres ont dit
ce qu'ils ont peu sur ce sujet, & pretend
de demonstrer que le petit cercle concen-
trique porté par le plus grand, laisse vne
infinité de poincts vuides sur son plan,
lesquels il ne touche point, & semblablement qu'il en touche vne infinité : de
sorte qu'il fait deux infinitez d'indiuisibles, dont l'vne est touchee, & l'autre est
laissee ; d'où il conclud que le petit cercle laisse vne infinité de poincts vuides ;
au lieu que le grand les remplit tous par
son mouuement. Il prouue ces vuides indiuisibles par les petits poligones concentriques aux grands, qui touchent

leur plan tout entier & par tout, au lieu
que les petits, qui sont portez par les
grands, ne touchent pas leur plan en tous
les endroits, dont ils sautent autant d'espaces sans les toucher, comme ils en touchent : de sorte qu'il y a autant de vuide
que de plain. Par exemple, l'exagone
laisse six espaces vuides, & en remplit six,
& si le polygone à vn million de costez, il
sautera autant d'espaces qui demeure-
ront vuides : & parce que le cercle a vne
infinité de costez, il laissera vne infinité
de vuides, dont chacun sera vn poinct.
Car il nie qu'aucun poinct de la circonference du petit cercle traine sur son
plan, parce qu'il s'ensuiuroit de là que la
ligne esgale au plan, estant composee
d'vne infinité de trainemens, dont chacun auroit vne certaine longueur, seroit
infinie. Ioint que chaque poinct du grád
cercle ne touchant son plan qu'en vn
poinct, il est impossible que chaque
poinct du petit cercle touche le sien en
plus d'vn poinct.

Il faut remarquer que le raisonnement
d'Aristote demeure encore touchant les
deux cercles, à sçauoir que le mouue-

ment du moindre porté par le plus grand
est tellement trainé sur son plan, que chacun de ses poincts touche plusieurs parties : car de mesme qu'il admet vne infinité de poincts, l'on peut aussi admettre
vne infinité de parties : ioint que le centre qui trace aussi son plan, est perpetuel-
lement trainé.

Par ce moyen il explique comme vne
ligne, & mesme vne surface, ou vn solide
peuuent s'estendre quasi à l'infiny, sans
laisser aucun espace vuide, par le moyen
des seuls poincts, dont les vns demeure-
ront vuides, & les autres seront remplis,
comme il arriue à l'or dont les fueilles s'e-
stendent si prodigieusement sur les fils
d'argent & de cuiure, que l'on dore : &
pour ce suject il suppose que les corps
soient composez d'atomes comme la ligne de poincts.

Le cercle tant des poligones que des
cercles est encore bien considerable, en
ce qu'il descrit par vne seule conuer-
sion vne ligne parallele & égale aux
plans du grãd & du petit cercle ou polygone : d'où il arriue qu'il semble que le
poinct est égal à la circonference, ce qu'il

essaye de persuader dans l'Article qui
suit.

ARTICLE IV.

*Que le raisonnement Geometrique contraint
d'auoüer que le centre est esgal à la circonference.*

GALILEE se sert d'vne demonstration, qui ne se peut entendre sans figures, dont vse aussi Lucas Valerius dans
la douziesme proposition du deuxiésme
Liure des centres de grauité, dans laquelle il demonstre, que l'*Hemisphere est
double du cone, & sous sesquialtere du cylindre, qui ont mesme base & mesme hauteur que
luy.* Or l'Hemisphere estant imaginé, descrit & compris dans le cylindre, & semblablement le cone dans le cylindre, &
puis ledit Hemisphere estant osté, & le
corps qui demeure semblable à vn plat,
ou à vne escuelle : il se demonstre premierement que ladite escuelle est esgale au cone ; en second lieu, qu'vn plan
ayant coupé parallelemét à la base du cy-

lindre tant l'escuelle que le cone, la partie du cone qui reste, est tousiours esgale à ce qui reste de l'escuelle en quelque
lieu que se fasse la section ; & finalement
que la base du cone coupé est tousiours
esgale au bord circulaire de l'escuelle. Or
la merueille de ces sections poursuiuies
iusques au sommet du cone, & au dernier
bord de l'escuelle, qui finit en s'amenui-
sant iusques à n'auoir plus nulle épais-
seur, consiste en ce que la derniere section finissant à la ligne circulaire, qui
termine le sommet de l'escuelle, & au
sommet du cone, qui finit par vn poinct :
il s'ensuit par la perpetuité de la raison
d'esgalité entre le reste de l'escuelle & du
cone, que le poinct du cone est esgal au
bord circulaire de l'escuelle : car puisque
l'on a trouué vne perpetuelle esgalité
iusques à la derniere section, pourquoy
dira-on que le dernier residu du corps est
infiniment moindre que le dernier residu
de l'escuelle : de sorte que le poinct du
cone estant aussi sa derniere base, il est
pour deux raisons esgal au cercle, qui
fait le bord de l'escuelle ; & partant le
poinct est esgal au plus grand cercle du

B iij

monde : & par consequent l'on peut dire
que tous les cercles sont esgaux entr'eux,
puisque chacun est esgal à vn poinct : car
bien que l'imagination se trouue acca-
blee sous cette idee, neantmoins la raison s'en laisse persuader.

Ie connois d'autres excellens person-
nages, qui concluent la mesme chose par
d'autres manieres ; mais tous sont con-
traints d'auoüer que l'indiuisible & l'infiny engloutissent tellement l'esprit hu-
main, qu'il ne sçait quasi plus à quoy se
resoudre lors qu'il les contemple : car il
s'ensuit de la spéculation de Galilee, que
la ligne est composee d'indiuisibles, ce
qui le contraint de dire que nul nombre
finy de poincts, ne peut faire aucune ligne quantitatiue, mais qu'il en faut vn
nombre infiny : d'où il s'ensuit que toutes les lignes sont esgales, ou plustost
qu'en les considerant toutes composees d'vne infinité de poincts, il n'y a
ny égal, ny plus ou moins grand dans
l'infiny ; quoy que d'autres vüeillent
qu'il y ait mesme raison entre les infinis qu'entre les finis : de sorte qu'vn
infiny peut estre double, triple, & qua-

druple d'vn autre finy, &c.

Or pour guerir ou pour aider l'imagination, il vfe des nombres qui font infinis, dont la plufpart ne font ny quarrez,
ny cubes : car dans le nombre de cent il
n'y a que dix quarrez, en dix mille il
n'y a que la centiefme partie de quarrez;
& dans vn million il n'y en a que la mil-
liefme : de forte que le nombre des quarrez diminuë toufiours, à proportion que
les nombres croiffent dauantage : &
neantmoins chaque nombre ou racine a
fon quarré auffi bien que fon cube : &
partant le nombre des quarrez & des cubes eft auffi bien infiny, que celuy des racines : de forte que *l'efgal, le plus grand,
&c.* font feulement des proprietez de la
quantité finie.

Il s'enfuit encore que dans la compa-
raifon du finy à l'infiny, l'on ne peut admettre lefdites proprietez; & que puifque chaque ligne eft toufiours diuifible
iufques à l'infiny, elle eft compofee de
poincts, & non de parties, autrement elle
auroit vne eftenduë infinie : car le recours qu'on a aux parties actuelles, & à
celles qui font en puiffance, n'eft qu'vn

ſubterfuge : & pour ce qui eſt des parties
de la ligne, qui ont de l'eſtenduë, l'on
peut dire qu'elles ne ſont pas finies, &
qu'elles ne ſont pas ſemblablement infi-
nies, mais qu'il y en a tant qu'on en veut
prendre.

Il a vne autre penſee fort ſubtile, à ſçauoir que l'on s'eſloigne d'autant plus de
l'infiny, que l'on s'auance plus auant dãs
les nombres ; parce que plus on va en
auant vers les millions, les cent millions,
&c. & moins on trouue de nombres quarez & de cubes, comme nous auons deſ-
ja monſtré : de ſorte que pour en trouuer vn nombre infiny, il ne faut pas monter vers l'infinité des nombres , mais il
faut deſcendre vers l'vnité, laquelle contient autant de racines, que de quarez, de
cubes, & de toutes autres ſortes de nombres : car elle contient toute ſorte de
nombres, ſoit quarez quarez, ſoit quarez
cubes, & ainſi des autres iuſques à l'infiny : d'où il arriue qu'elle a toutes leurs
proprietez : par exemple, la proprieté de
deux quarez eſt d'auoir entr'eux vn nombre moyen proportionnel ; or trois eſt le
moyen proportionnel entre vn & neuf,

comme est deux entre vn & quatre. De
mesme il y a deux nombres moyens proportionnels entre deux cubes, côme sont
douze & dix-huict entre huict & vingt-
sept, & entre vn & huict l'on a deux &
quatre : de sorte qu'il n'y a que la seule
vnité qui soit infinie entre les nombres,
& que ce qu'on s'imagine estre comme le
zero, ou le rien, est le tout & l'infiny.
L'on peut apporter plusieurs autres con-
siderations de l'infinité : par exemple,
qu'il y a vne distance infinie d'vn à deux,
puis qu'il y a vne infinité de nombres
rompus entré vn & deux, qui sont tousiours plus grands qu'vn, & moindres que
deux.

Il monstre en suitte à descrire vne infinité de cercles, dont le plus grand doit
conuenir auec vne ligne droiĉte ; d'où il
conclud qu'il ne peut y auoir ny cercle,
ny sphere, ny aucun corps infiny : & s'i-
magine qu'vn corps estant rompu, & bri-
sé, ou diuisé en toutes ses parties, c'est à
dire en tous ses atomes, il deuient liqui-
de, comme l'eau & le verre fondu : ce qui
arriue aussi à l'or & aux autres metaux,
qui coulent apres estre fondus. D'où l'on

conclud que les pierres ou les autres
corps, que l'on croit eſtre reduits en poudre inpalpable , ne ſont pas encore diuiſez en toutes leurs parties , & que chaque grain de leur poudre a encore de la
quantité, & eſt diuiſible, puiſque cette
poudre ſe tient en monceau ſans s'eſpan-
dre, au lieu qu'elle couleroit comme
l'eau, ſi elle eſtoit indiuiſible. Et partant
l'or, l'argent, & les autres metaux ne ſont
pas encore diuiſez en toutes leurs parties,
par le moyen des eaux fortes & regales,
puis qu'ils ne coulent pas comme l'eau,
iuſques à ce que les petits atomes du feu,
ayent diſſout toutes leurs parties : ce qui
ſe fait auſſi auec les rayons du Soleil,
dont nous allons parler.

ARTICLE V.

*Le moyen de cognoiſtre ſi la lumiere s'eſtend
dans vn moment, ou ſi elle y employe du
temps.*

A Y a n t parlé des miroirs bruſlans,
qui fondent le plomb quaſi dans

vn moment, & du traicté qu'a fait le Pere
Bouauenture Caualieri des miroirs para-
boliques, pour essayer à restablir ce que
l'on dit de ceux d'Archimede, il considere la vistesse des effects du foudre, de
la poudre à canon dans les mines, & de la
lumiere, dont on peut sçauoir si la com-
munication se fait en vn moment, ou si
elle a besoin de temps, pourueu que deux
personnes estants esloignees d'vne ou de
deux lieuës, ayent chacun vn flambeau dans vne lanterne sourde: car si l'vn
fermant la sienne, ou l'ouurant void à
mesme moment que l'autre ouure & ferme la sienne, suiuant qu'ils s'apperceurôt
mutuellement; c'est signe que la lumiere
s'esteint en vn instant, autrement il luy
faut du temps; mais afin que cette corre-
spondance soit bien iuste, ils se doiuent
accoustumer à faire le mesme essay de
sept ou huict toises, de cent, de deux
cens, &c. Et finalement l'on pourra faire
l'essay de cinq ou six lieues par le moyen
des lunettes de longue-veuë. L'on pourroit peut-estre vser encore plus auanta-
geusement de differens miroirs: car vne
mesme personne presentant vn flambeau

deuant vn miroir, pourroit voir si la refle-
xion se feroit en mesme temps en des
miroirs differents. Or il semble que la
splendeur des esclairs qui paroissent plustost vers la nüe, que sur la terre, ait per-
suadé à Galilee que la lumiere employe
vn peu de temps à s'estendre dans sa sphere d'actiuité. Mais cette action se faict si
soudainement, que l'œil n'est pas capable d'en iuger, & l'excellent Autheur qui
nous fait imaginer l'estenduë de la lumiere par l'exemple d'vn baston, lequél
ébranle ce qu'il touche, au mesme moment qu'il est poussé, nous oste les difficultez de l'estenduë, ou du mouuement
instantaneé de la lumiere : de sorte qu'il
ne faut que lire sa Dioptrique pour se
desabuser de plusieurs imaginations, qui
font plus de tort aux sciences qu'elles ne
les aident; & si l'on a la moindre difficulté du monde à comprendre ce qu'il enseigne de la lumiere, qui se fait par vn
mouuement droict, & des couleurs par
vn mouuement circulaire, il donnera sa-
tisfaction à ceux qui l'en prieront. Car il
n'y a point de doute qu'il n'a pas pris la
peine de reduire ces matieres & plusieurs

autres , fous les loix de la Geometrie ,
qu'il ne foit preft d''en expliquer les difficultez aux honneftes gens , qui s'en
voudront inftruire. Or ie reuiens aux
penfees de Galilee.

ARTICLE VI.

Le moyen de diuifer telle ligne qu'on vondra,
en tant de parties que l'on defirera , &
mefme en vne infinité de parties.

AYANT pris telle ligne droicte
qu'on voudra, il s'imagine qu'on en
faffe vn quarré , vn hexagone, ou tel autre polygone que ce foit, par exemple, de
cent mille coftez : il eft certain que la ligne fera diuifee en autant de parties , &
que fi l'on fait roûler lefdits polygones
fur quelqu'autre ligne , ils la diuiferont
en autant de parties comme ils ont de
coftez : & parce que le cercle eft vn Polygone de coftez infinis, lors qu'il roule fur
vne ligne, ou qu'il s'y applique, il la diuife en vne infinité de parties : de forte que
l'on ne peut ployer vne ligne droicte en

rond fans la diuifer en toutes fes parties.

Or il s'imagine pouuoir franchir plufieurs difficultez par l'infinité de ces indiuifibles, qu'on ne peut refoudre autrement; par exemple, la rarefaction & la
condenfation, dont nous parlerons en
l'Article qui fuit : neantmoins les plus
habiles ne reconnoiffent nuls poincts di-
ftincts des parties de la ligne, & ne s'amu-
fent pas à mille petites fubtilitez qui ne
feruent à rien.

ARTICLE VII.

Explication de la rarefaction & de la conden-
fation par le moyen du cercle.

IL fe fert encore des deux polygones &
cercles concentriques, dont i'ay parlé
dans le troifiefme Article; pour expliquer la rarefaction & la condenfation,
par laquelle il commence & dit, que lors
que le moindre cercle roule tellement
fur fon plan, qu'il fait vne ligne efgale à
fa circonference, à chaque tour qu'il fait,
le grand en fait vne moindre que fa cir-

conference : c'eſt à dire, vne eſgale à la
circonference du moindre : de ſorte que
le grand ſe meut, partie en auançant, &
partie en reculant en arriere, à chaque
moment qu'il ſe meut, en touchant, ce
ſemble, pluſieurs fois vn meſme poinct
de ſon plan, comme s'il vouloit entaſſer
pluſieurs parties de ſa circonference dans
vn meſme poinct : ce qui exprime la con-
denſatió, ſans qu'il ſoit beſoin de la penetration des corps. Au contraire, le moindre cercle eſtant meu par le plus grand,
deſcrit vne ligne plus grande que ſa circonference, parce qu'il laiſſe autant de
poincts vuides que de plains, & neantmoins il n'y a point de vuide, qui ait aucune quantité, de ſorte que la rarefaction eſt expliquee ſans admettre du vuide quantitatif. Certes il eſt difficile de
ſatisfaire à l'imagination, lors qu'il eſt
queſtion d'expliquer la rarefaction & la
condenſation ; car ſi le moindre cercle
ſaute touſiours vn poinct de ſa ligne ſans
la toucher, il s'enſuit qu'elle n'eſt pas
continuë, & partant qu'elle n'eſt pas ligne. Peut-eſtre que celuy qui l'explique
par la plus grande viſteſſe du moyue-

ment des petits corps qui fe meuuent
toufiours, a mieux reüffi : de forte que la
viftefle fouueraine donne la plus grande
rarefaction, comme la tardiueté fouueraine donne la fouueraine condenfation.
Quoy qu’il en foit, il explique la rarefaction par les fueilles d’or, lefquelles eftât
fi minces, qu’elles volent en l’air, ne laif-
fent pas de couurir des cylindres d’or
d’vne eftrange longueur: car les dix fueilles qu’on met fur vn cylindre d’argent
long de trois ou quatre pieds, & gros de
deux ou trois poulces, couurent tout le
cylindre d’argent, quoy que fa furface
croifle merueilleufement, lors qu’on le
tire tant de fois par la filiere, qu’il deuient auffi delié qu’vn cheueu; mais pour
connoiftre combien la furface dorée eft
plus grande dans ce cylindre reduit à
vne longueur fi prodigieufe, il donne la
maniere de treuuer la grandeur de cette
furface, comme l’on void dans l’Article
fuiuant. Or l’efpace compris par la ligne
que fait le cercle dans l’air, en roulant,&
par le plan efgal à fa circonference, fur
lequel il roule vn tour entier , eft triple
dudit cercle;dont ie donneray la demonstration

ſtration qui m'a eſté enuoyee par vn excellent Geometre, à ceux qui la deſire-
ront.

ARTICLE VIII.

De la proportion des ſurfaces des cylindres de differente hauteur.

I. Proposition.

LEs ſurfaces des cylin-
dres égaux, ſans com-
prendre leurs baſes, ſont
entre-elles en proportion
ſous-double de leurs lon-
gueurs, ce qu'il demon-
ſtre ainſi : Soient deux cylindres eſgaux , dont les
hauteurs ſoiét AB, & CD,
& que la ligne E, ſoit
moyenne proportionnelle entte ces deux
hauteurs : ie dis que la ſurface du cylindre AB, ſans y comprendre ſa baſe, eſt à la
ſurface du cylindre CD, la baſe oſtee,
comme la ligne AB, à la ligne E, qui di-

uise la raison d'A B, à C D, en deux raisons esgales : c'est pourquoy la raison de
A B à E, est sous doublee de la raison de
AB, à C D. Soit coupé le cylindre A B, au
poinct F, & que la hauteur F A, soit égale
à C D. Et parce que les bases des cylindres égaux sont en raison permutee de
leurs hauteurs, le cercle qui sert de base
au cylindre CD, sera au cercle, qui sert de
base au cylindre A B, comme la hauteur
B A, à D C : & parce que les cercles sont
enrre-eux comme les quarrez de leurs
diametres : lesdits quarrez feront en mesme raison que B A, à C D. Or comme B
A à C D, ainsi le quarré B A, au quarré de
E : de sorte que l'on a quatre quarrez
proportionnels ; & partant leurs costez
feront encore proportionels. Et comme
la ligne A B à E, ainsi le diametre du cercle C, au diametre du cercle A, mais les
circōferences sont cōme les diametres, &
comme les circonferences, ainsi les surfaces des cylindres d'esgale hauteur :
donc, comme la ligne A B à E, ainsi la
surface du cylindre C D, à celle du cylindre A F. Donc, puisque la hauteur A
F, est à A B, comme la surface A F, à celle

de A B, & comme la hauteur A B à la ligne E, ainſi la ſurface C D, à celle de A
F, ſera, en renuerſant, comme la hauteur
A F à E, ainſi la ſurface C D, à celle de
A B, &, par conuerſion, comme la ſurface
du cylindre A B, à celle du cylindre C D,
ainſi la ligne E à AF, c'eſt à dire à CD, ou
A B à E, qui eſt en raiſon ſous double, de A B, à C D, ce qu'il falloit prouuer.

Or ie veux expliquer cecy par exemples, afin que chacun l'entende mieux,
ſi vn cylindre auoit neuf pieds de longueur & l'autre quatre, & qu'ils fûſſent
eſgaux, la ſurface du premier eſtant de
neuf pieds, ou neuf autres meſutes telles qu'on voudra, la ſurface du deux-
ieſme ſera de ſix pieds, parce que
la raiſon de neuf à ſix eſt ſous-double de la raiſon de neuf à quatre : de ſorte que pour auoir la proportion des ſurfaces de toutes ſortes de cylindres eſgaux, quelques differences de hauteurs
qu'ils puiſſent auoir, il faut ſeulement
trouuer vne ligne proportionnelle entre
la ligne qui donne la hauteur du premier,
& celle qui donne la hauteur du ſecond,

comme eſt la ligne de ſix pieds entre celle de neuf & quatre : car ladite moyenne proportionnelle donnera touſiours la
moindre ſurface.

Mais l'on doit remarquer vn autre rapport entre les baſes des cylindres égaux,
& leurs hauteurs, qui conſiſte en ce qu'elles ont le meſme rapport entr'elles, pris à
rebours, que la meſme hauteur ; par
exemple, les deux precedentes hauteurs
eſtant de neuf à quatre, comme le plus
haut ſurpaſſe le plus bas de cinq parties
ſur quatre ; de meſme la baſe du plus
haut eſt ſurmontee par la baſe du moins
haut, de cinq parties ſur quatre. D'où il
eſt aiſé de conclure combien le fil d'or
de la groſſeur d'vn cheueu, tiré par la filiere, a plus de ſurface, que lors qu'il eſt
en forme d'vn cylindre de la hauteur d'v-
ne braſſe, & de la groſſeur de deux ou
trois doigts : par exemple, ſi le fil eſtant
tiré ſe treuue de vingt mille braſſes, au
lieu de ſon cylindre de demie braſſe de
long, ſa ſurface ſera deux cens fois plus
grande que deuant : de ſorte que le cylindre eſtant doré de dix fueilles d'or l'v-
ne ſur l'autre, il ſe treuue qu'il ne reſte pas

la vingtiefme partie de l'efpaiffeur d'vne
fueille d'or pour dorer le fil tiré comme
i'ay dit : ce qui ne fe peut faire fans vne
eftrange eftenduë des parties de l'or, qui
monftre auffi bien qne la compofition
des corps eft faite d'indiuifibles, comme
ce qui a efté dit des cercles.

EXPERIENCE.

I'Ay experimenté chez les tireurs de fil
d'or & d'argent, qu'vne liure d'argent
fe tire quafi trois mille deux cens toifes
de long, pour faire du fil au petit meftier,
& par confequent que la barre ou le cylindre de huiɛt liures dont on vfe ordinairement, (qui a trois pieds de hauteur
ou enuiró, & vn pouce pour le diametre
de fa bafe) peut eftre tiré & reduit en vn
fil de vingt-cinq mille fix cens toifes de
long : & partant la furface de ce fil fi delié contient vn peu plus de deux cens
vingt-fix fois la furface du cylindre de
trois pieds de haut : car deux cens vingt
fix eft vn peu moindre que le milieu proportionnel entre 3. & 512oo. c'eft à dire,
entre la hauteur defdits cylindres : par

où l'on doit conclure, que si la base du cylindre de trois pieds a vn poulce, celle du cylindre ou fil de 25600. pieds de lõg n'a que 25600. de poulce : de sorte qu'il faudroit plus de vingt-cinq mille bases de ce fil pour remplir l'espace d'vn pouce. L'on peut tirer mille autres conclusions de ce principe, par exemple, que si l'on veut faire vn cylindre ou baston, deux fois aussi long qu'vn autre de mesme matiere, la surface du plus long sera à celle du plus court, comme la diagonale du quarré à son costé : si on le fait quatre ou huict fois plus long, la surface du plus long sera deux ou quatre fois plus grande, &c. Or apres la speculation des cylindres esgaux, qui ont leurs surfaces inesgales, voyez comme il trouue la proportion que gardent les cylindres de differentes hauteurs, dont les surfaces sont esgales.

II. Proposition.

Les cylindres droicts, dont les surfaces sont esgales, out mesme raison entr'eux, prise à rebours, que leurs hauteurs : où il faut tousiours supposer, que leurs bases ne sont point icy considerees.

CETTE proposition sera aisée à entendre par les figures des deux mesmes cyliudres : dont le plus haut soit FB, & le moins haut CD, dont ie suppose que les surfaces sont esgales ; ie dis que le cylindre CD, est au cylindre FB, comme la hauteur FB, à la hauteur CD. Donc puisque la surface FB, est esgale à la surface C D, le cylindre F B, sera moindre que le cylindre C D, car s'il estoit égal ou plus grand, sa surface seroit plus grande, comme il s'ensuit de la proposition precedente.

C iiij

Posons maintenant, que le cylindre A F B, soit égale au cylindre C D, donc la surface du cylindre A B, sera à celle du cylindre C D, comme la hauteur AB, à la moyenne proportionnelle entre AB, & CD. Or la surface CD, est esgale à celle de F B, & la surface A B, à mesme proportion à celle de F B, que la hauteur A B, à la hauteur F B, donc FB, est moyenne proportionelle entre AB, & CD.

De plus, le cylindre AB, estant esgal au cylindre CD, ils ont tous deux mesme proportion auec le cylindre F B. Or AB, à FB, est comme la hauteur AB, à la hauteur F B, dont le cylindre CD, a mesme proportion au cylindre FB, que la ligne AB, à la ligne FB, ou que la ligne F B, à la ligne CD.

D'où l'on tire beaucoup de corollaires, qui vont contre le sens commun : par exemple, que d'vn mesme morceau de toile l'on peut faire deux sacs, dont l'vn contiendra beaucoup plus que l'autre : ce que l'on entendra tres-aisément, si 'on suppose qu'vn pied cube de bled contienne vn boisseau, & que les sacs

soient quarrez, au lieu d'estre ronds, comme ils sont pour l'ordinaire, car l'vn re-
uient à l'autre. Ie dis donc que si le sac a
quatre pieds quarrez pour sa base, ou son
fond, & quatre pieds pour sa hauteur, sa
surface sera égale au sac, dont la base ou
le fond sera d'vn pied quarré, & sa hauteur de huict pieds, $\frac{1}{4}$ & ou neuf pouces : & par consequent, que chaque sac
peut estre fait de la mesme piece de toille.
Or il est éuident que le premier sac contient seize boisseaux de bled, puisque les
prismes, ou parallelepipedes se mesu-
rent, aussi bien que les cylindres, en mul-
tipliant leurs bases par leurs hauteurs ; la
hauteur du premier sac a 4. pieds, & son
fond quatre pieds : donc il contient seize pieds cubes, & n'a que trente-six pieds
en sa surfaee, à sçauoir quatre pour sa base, & seize pour chacun de ses costez ; la
hauteur du second sac a huict pieds, $\frac{3}{4}$
lesquels multipliez par son fond d'vn
pied, donne seulement 8. $\frac{3}{4}$ boisseaux
de bled, quoy que la surface ait aussi
trenre-six pieds de toille : car ses quatre
costez ayant chacun huict pieds & $\frac{3}{4}$ ils
font trente-cinq pieds, lesquels estans

ajouftez au pied, qui fait le fond, l'on a trente-fix pieds.

Ie laiffe mille autres exemples que l'on peut former fur le precedent, afin d'aduertir que la mefme chofe arriue aux murailles des villes, qui contiennent fouuent vn plus grand efpace, encore qu'elles n'ayent pas vn fi grand circuit : par exemple, fi la muraille d'vne ville quarree en tout fens, auoit l'vn de fes quatre coftez de cent toifes, fon tour ne feroit que de quatre cens toifes, & neantmoins elle contiendroit dix mille toifes. Or la ville qui auroit fa muraille efgale en circuit, de forte qu'elle euft la figure d'vn rectangle, dont les deux moindres coftez n'euffent que dix toifes chacun, & les deux plus grands chacun 190. toifes, ne contiendroit que 1900. toifes d'efpace, & pour contenir dix mille toifes, fes petits coftez demeurans de dix toifes chacun, il faudroit que chaque autre cofté euft 4995. toifes de long.

Galilee donne l'exemple de douze braffes pour la hauteur d'vn fac, & de fix pour fa bafe, & dit qu'il contienr deux fois dauantage, lors que l'on met les douze braf-

ses pour le fond ou la grosseur du sac, &
six brasses pour sa hauteur.

ARTICLE IX.

*Que le cercle est moyen proportionnel entre
son polygone circonscrit, & le polygone semblable qui luy est isoperimetre.*

L'On auoit desia demonstré que la
moyenne proportionnelle entre le
costé du quarré circonscrit, & le quart de
la circonference, est le costé du quarré
esgal au cercle : que le quarré de la
moyenne proportionnelle entre le rayon
& la demie circonference, luy est aussi esgal ; que le quarré du diametre, est au
cercle, comme le diametre à la quatriesf-
me partie de la circonference : que tout
polygone inscrit au cercle, a mesme raison au cercle qu'à la quatriesme partie
du circuit de son polygone inferieur, lequel a la moitié moins de costez, & d'angles, à la quatriesme partie de la circonference du mesme cercle : que le quarré
du diamettre a mesme proportion au cer-

cle, que son circuit à la circonference; que le circuit d'vn triangle equilateral inscrit, a mesme proportion à la circonfe-rence de son cercle, qu'a le double du contenu du triangle au contenu dudit cercle : que le circuit de tout polygone a mesme raison à la circonference du cer-cle, qu'a le contenu de son superieur au contenu du cercle : par exemple, le cir-cuit du triangle est à la circonference, comme l'exagone au cercle : que deux diametres ont mesme proportion à la cir-conference que le quarré inscrit au cer-cle, & plusieurs autres choses, qui ensei-gnent de nouuelles proprietez du cercle : mais il ne me souuient point d'auoir leu autre part, que dans Galilee, que le cer-cle soit moyen proportionnel entre deux polygones semblables, tels qu'on vou-dra, don l'vn luy soit circonscrit, & l'au-tre luy soit isoperimettre : ou que le poly-gone circonscrit est au cercle, comme le circuit dudit polygone est à la circonfe-rêce du cercle, ou bien au circuit du poly-gone qui luy est isoperimetre, ce qui re-uient à vne mesme chose : car comme le cercle est égal au triâgle rectâgle, dôt l'vn

des coftez eft le rayon, & l'autre la circonference, ainfi le triangle rectangle fait
par le mefme rayon, & par le circuit du
polygone, eft égal audit polygone : or le
polygone circonfcrit eft à l'ifoperimetre
fufdit en raifon doublee de la raifon de
leurs circonferences, & par confequent
le cercle eft le moyen proportionnel entre ces deux polygones,

Il demonftre en fuitte que les polygones circonfcrits font d'autant plus gráds
qu'ils ont moins de coftez (comme les
infcrits au contraire font d'autant plus
grands, qu'ils ont plus de coftez) d'où il
s'enfuit que le polygone ifoperimetre au
cercle eft d'autant plus grand qu'il a plus
de coftez : de forte que le cercle a toufiours vne proportion d'autant plus grande auec le polygone circonfcrit, & l'ifoperimetre, qu'ils ont moins de coftez. Or
le triangle eft celuy qui a le moindre
nombre de coftez : mais l'on ne peut
donner l'ifoperimetre qui a le plus de
coftez : car entre le cercle & tel polygone qu'on voudra : par exemple , entre celuy de cent millions de coftez,
& ledit cercle , il y en a encore vne infi-

nité, dont chacun est moindre que le cercle.

ARTICLE X.

Que les raisons, dont vse Aristote pour prou-
uer le vuide, ne sont pas bonnes: où il est
encore parlé de la rarefaction & de la con-
densation.

GALILEE se remet encore à considerer la rarefaction & la condensation,
pour parler apres du vuide, & dit que si ce
sont deux mouuements opposez, la condensation doit tousiours estre grande
comme la rarefaction, & au contraire : la
poudre à canon nous monstre la vistesse
de la rarefaction, lors qu'elle s'estend
dans vn espace si grand tout enflammé,
dont la lumiere remplit vn espace im-
mense, aussi bien que celuy de l'esclair.
Or si cette lumiere & ce feu se conden-
soient dans vn fort petit lieu, il se feroit
vne estrange condensation ; mais nous
ne voyons point que la fumee & la flam-
me, qui sortent du bois, se recondensent,

& se reünissent pour faire du bois, non
plus que les odeurs qui monstrent la rarefaction des fleurs & autres senteurs, ne
se ramassent point pour refaire vne fleur:
& neantmoins la raison nous apprend
que cette condensation se peut faire. Or
apres auoir auoüé que la penetration
n'est pas possible par les forces de la nature, suiuant la Philosophie d'Aristote, il
examine ses raisons touchant le vuide;
lesquelles sont fondees sur deux suppositions, dont la premiere est, que de deux
corps pesans de differente pesanteur, celuy qui est le plus pesant descend dautant plus viste par vn mesme milieu, comme est l'air, qu'il est plus pesant : de sorte
que s'il pese dix fois dauantage, il doit
descendre dix fois plus viste: & la seconde est, que lors que les milieux sont differens, comme est l'air & l'eau, les corps
qui descendent dans l'vn & l'autre, gardent entr'eux la proportion contraire de
l'espaisseur, & de la grossiereté des milieux : de sorte que si l'eau est dix fois
plus grossiere que l'air, le corps pesant
descendra dans l'air dix fois plus viste
que celuy qui descendra dans l'eau. D'où

Ariſtote conclud qu'il ne peut ſe faire de mouuement dans le vuide, à cauſe que la ſubtilité du vuide ſurpaſſe infiniment celle de tel milieu qu'on voudra, tant ſubtil qu'il puiſſe eſtre : de maniere qu'il ſeroit neceſſaire que le mouuement ſe fiſt dans vn inſtant, dans le vuide, puiſqu'il augmente ſa viſteſſe à proportion de la ſubtilité du milieu, dans lequel il deſ-cend, ce qui eſt impoſſible.

Galilee repond à ces deux raiſons des Peripateticiens, premierement qu'ils ne prouuent pas abſolument qu'il n'y a point de vuide, mais ſeulement à l'eſgard du mouuement : en ſecond lieu, qu'il n'eſt pas vray que de deux boules, quoy que d'eſgal volume, celle qui peſe dix fois dauantage, deſcende dix fois plus viſte, car ſur la cheute de cent ou deux cens braſſes, l'on ne peut y apperceuoir vn demy pied de difference, lors qu'on laiſſe tomber deux boules, l'vne de plomb, & l'autre de pierre, quoy que cel-le de pierre peſe quatre fois moins. Et neantmoins ſi la raiſon d'Ariſtote eſtoit vraye, lors qu'vne boule de bois dix fois plus legere que le plomb, auroit fait dix

braſſes

braſſes en deſcendant, le plomb en auroit fait cent : Ioint que ſi l'on prend
deux boules de meſme matiere, par
exemple, de plomb, lors que l'vne peſe
cent fois plus que l'autre, la plus peſante
ne deſcendra pas ſur deux cens braſſes
de haut, plus viſte d'vn demy pied; mais
il pourſuit cette matiere dans l'Article
qui ſuit.

ARTICLE XI.

Pourquoy les corps plus peſants de meſme ma-
tiere, ne tombent pas plus viſte que les plus
legers, vers le centre de la terre.

IL ſuppoſe premierement que chaque
corps deſcend d'vne viſteſſe determinee, vers le centre de la terre: laquelle ne
peut s'augmenter, ou ſe diminuer ſans
quelque violence ou empeſchement : de
maniere que ſi l'on joint vn autre corps,
dont la nature ſoit de deſcendre plus ou
moins viſte ; il haſtera ou retardera le
mouuement du premier poids, par lequel la cheute ſera ſemblablement ha-

D

stee ou retardee: de sorte que si vne grosse pierre descend, par exemple, auec dix
degrez de vistesse, & vne moindre pierre
seulement auec quatre degrez de vistesse, si on les ioint ensemble, elles se mou-
ueront auec moins de huict degrez de
vistesse. Or ces deux pierres iointes ensemble font vne plus grosse pierre, que la
premiere, qui descend auec dix degrez
de vistesse, donc la plus grosse pierre descendra moins viste que la plus petite, ce
qui est contre la supposition; de sorte que
de la position d'Aristote, à sçauoir que le
plus grand fardeau se meut plus viste,
l'on conclud qu'il se meut moins
viste.

Or l'erreur consiste en ce qu'on suppose que la moindre pierre augmente la
pesanteur de la plus grāde, à l'egard de la
cheute, comme elle l'augmente dans les
balances, esquelles vn seul filet de laine
fait perdre l'equilibre, au lieu qu'en descendant, le filet de laine n'augmente pas
la vistesse de la pierre, à laquelle il est lié,
au contraire il retarderoit pluftoft sa descente.

Et si le poids ajousté est de mesme ma-

tiere, cõme lors qu'on ajouste du plomb à
du plomb, ce nouueau corps ne haste nullement le premier, semblable à vn pi-
quier qui tiendroit sa pique sur le corps
d'vn homme, qui fuit aussi viste comme il
le poursuit: ce qu'on pourroit dire d'vn
boulet de canon, qui ne pourroit blesser
celuy contre qui on le tireroit, pourueu
qu'au mesme moment qu'il en seroit tou-
ché, il allast aussi viste que ledit boulet.

Or si l'on met le plus grand poids sur le
moindre, si le moindre se meut plus lentement que le grand, il retardera son
mouuement: de sorte qu'en quelque
maniere qu'on prenne deux corps pesans, ils ne s'aident point l'vn l'autre pour
descendre plus viste, estants tous deux
joints ensemble, que lors qu'ils sont se-
parez, car le plus gros descendra tout
seul plus viste, que s'il estoit ioint au
moindre, qui descend plus lentement.
L'Article qui suit, monstre ce qu'il faut
tenir de la descente des corps de differente matiere dans vn mesme milieu, qu
dans des milieux differents.

ARTICLE XII.

Pourquoy les corps pefans de differente matie-
re, & de differentes pefanteurs, ne gardent
pas la mefme proportion entre la vifteffe
de leurs cheutes, qu'entre leurs pefan-
teurs.

APRES auoir monftré que du rai-
fonnement d'Ariftote (qui dit que
les corps pefans doiuent defcendre plus
ou moins vifte dans des milieux differens, fuiuant la proportion defdits milieux) il s'enfuiuroit que le bois qui na-
ge fur l'eau, & qui remonte eftant enfon-
cé dedans, defcendroit dans l'eau d'vne
vifteffe de deux degrez, lors que le mefme bois defcend d'vne vifteffe de vingt
degrez dans l'air, il remarque que deux
corps peuuent auoir vne telle proportion
entre leurs pefanteurs, que l'vn defcendra vingt fois plus vifte que l'autre dans
l'eau, bien que dans l'air l'vn ne defcen-
de pas feulement d'vne centiefme partie
plus vifte que l'autre : par exemple, vn

œuf de marbre defcendra cent fois plus
vifte dans l'eau qu'vn œuf de poulle; &
neantmoins celuy de marbre ne le deuancera pas dans l'air de quatre doigts
fur vingt braffes de defcente. Et finalement l'œuf de poulle, qui employe trois
heures à defcendre deux biaffes d'eau,
les defcendra durant vn ou deux battemens de l'artere dans l'air : de forte que
Ariftote ne prouue rien contre le vuide;
& quand ces raifons feroient confide-
rables, elles ne feroient rien que contre les grands efpaces vuides, que nous
n'admettons pas , mais non contre les
petits vuides , meflez parmy tous les
corps.

Or auant que de donner la proportion
de la vifteffe des corps qui defcendent,
foit dans l'air ou dans l'eau, il remarque
qu'il eft difficile d'ajufter tellement vne
boule de cire, qu'elle fe tienne en tel lieu
de l'eau qu'on voudra, comme font les
poiffons, qui par le moyen de leurs vef-
fies, (aufquelles il y a vn petit conduit attaché, qui va iufques à leur bouche) fe
mettent en equilibre auec l'eau, ou fe
rendent plus pefans, ce qui leur fert pour

fe tenir en tel lieu de l'eau qu'ils veulent,
foit touble, claire, douce, ou falee : ce
qu'on peut imiter en mettant de l'eau
falee dans vn vafe, & de l'eau douce
par deffus , car la cire qui defcendra
dans l'eau douce , demeurera fur l'eau
falee.

Et mefme il remarque que la boule de
cire ou d'autre matiere, peut tellement
eftre en equilibre auec l'eau douce, qu'elle defcendra, fi l'on verfe vne goutte
d'eau chaude dedans, & qu'elle monte-
ra fi l'on verfe vne goutte d'eau froide
dans la chaude, ou bien vn ou deux grains
de fel : par où il veut prouuer que l'eau
n'a point de difficulté à ceder & à fe fendre, contre ceux qui difent qu'elle a vne
certaine vifcofité, & refiftance. La boule qui fera en equilibre auec l'eau, peut
feruir aux Medecins, pour remarquer les
eaux qui font plus pefantes ou plus legeres.

Les gouttes d'eau qui fe trouuent gon-
flees en rond fur les fuèilles des herbes,
femble prouuer que l'eau a quelque vifcofité, qui l'empefche de couler ; à quoy
il refpond , que cét empefchement ne

vient pas des parties internes de l'eau,
mais d'vne certaine contrarieté & ini-
mitié que l'air a contre l'eau ; ce qu'il
preuue par ce que le vin qui est plus es-
pais que l'air, ne resiste pas à l'eau, puisque les deux goulets de deux bouteilles
pleines l'vne de vin & l'autre d'eau, estant
mis l'vn sur l'autre, si l'eau est dessus & le
vin dessous, le vin monte, & remplit la
bouteille d'enhaut, & l'eau descend &
remplit la bouteille d'enbas, l'vne de ces
liqueurs passant à trauers de l'autre : de
sorte que le vin, lequel est presque aussi
pesant que l'eau, fait place à l'eau, & entre dedans ; au lieu que l'air, qui est si leger à l'esgard de l'eau, ne peut monter
dans la bouteille pleine d'eau, encore que
son goulet soit renuersé; de maniere que
l'eau aime mieux se tenir suspenduë,
que de descendre en la presence de
l'air.

Finalement apres auoir consideré les
grands empeschemens des differents milieux, dans lesquels les corps pesans descendent : par exemple, qu'il n'y a que le
seul or, qui descende dans le vif argent,
& que le plomb & les autres metaux na-

gent dedans, & eftant enfoncez reuien-
nent deffus, quoy que dans l'air ils defcendent prefque auffi vifte que l'or, il
conclud que tous les corps defcen-
droient auffi vifte les vns que les autres,
s'ils n'eftoient empefchez par aucun milieu ; comme il arriueroit s'ils defcen-
doient dans le vuide, dans lequel la
moüelle de fureau defcendroit auffi vifte
que le plomb ; ce qu'il prouue dans l'Article qui fuit.

ARTICLE XIII.

Que toutes fortes de corps pefans defcen-
droient d'vne efgale viftefe dans le vui-
de.

PVISQVE l'experience enfeigne que
de deux mobiles, dont l'vn eft forr leger, comme eft la moüelle de fureau, &
l'autre fort pefant, comme l'or, ou le
plomb, le plus leger defcend prefque
auffi vifte les deux premiers pieds, comme fait le plus pefant ; & qu'incont inent
apres, le plus pefant precede de beau-

coup le plus leger ; de forte qu'au lieu qu'il ne le precedoit, par exemple, que de la dixiefme partie d'vne toife, à la premiere toife de fa cheute, fur 12. toifes, il le precede de la troifiefme partie, & fur cent, de neuf parties : il eft euident que cét empefchement vient du feul milieu, lequel eft fi pefant, ou fi efpais, & fi fort à l'efgard d'vn mobile tres-leger, qu'il l'empefche incontinent de continuer fa viteffe, laquelle il augmenteroit toufiours, puis qu'il a toufiours fa mefme pefanteur, qui augmenteroit toufiours la viteffe de fa cheute, comme il l'augmente fort long-temps au plomb, duquel la viteffe croift toufiours par degrez efgaux dans toutes les hauteurs, dont nous pouuons faire l'experience; mais enfin, lors que l'air ne peut plus ceder affez vifte à la tres-grande viteffe qu'il acquiert peu à peu : il fe tient dans vn poinct d'efgalité, qu'il conferue toufiours par aprez: au lieu que dans le vuide, il augmenteroit toufiours fa viteffe de mefme façon, en acquerant toufiours deux degrez de viteffe à chaque moment.

Mais le corps leger, comme eft vne veffie enflee, treuue incontinent tant de refiftance dans l'air, qu'elle n'augmente plus fa viteffe : de forte qu'elle receuroit vne grande commodité , fi l'air eftoit ofté, au lieu que le plomb en reccuroit fort peu de foulagement : d'où il con-clud que toute forte de corps , pour peu pefant qu'il fuft, defcendroit d'vne efga-le viteffe dans le vuide ; faifant , par exemple, vne toife au premier moment, trois au deuxiefme, cinq au troifiefme, & ainfi des autres, fuiuant les nombres im-pairs : cela pofé, il explique le moyen de connoiftre de combien chaque corps doit defcendre plus ou moins vifte dans l'air , comme l'on void dans l'Article qui fuit.

ARTICLE XIV.

Comme l'on peut connoistre de combien cha-
que corps doit descendre plus ou moins vi-
ste l'un que l'autre, soit dans l'air ou dans
l'eau.

IL est certain que c'est la pesanteur, ou
la resistance du milieu, qui nuit à la vistesse de la cheute des corps qui descendent, & que ledit milieu oste autant de la
pesanteur du mobile, comme ledit milieu, de mesme volume que le mobile, est
pesant ; par exemple, si le plomb pese dix
mille fois dauantage que l'air, & que l'e-
bene pese seulement mille fois dauantage, au lieu que la vistesse de ces deux
corps absoluëment consideree seroit esgale ; de dix mille degrez de vistesse
qu'ils auroient dans le vuide, l'air oste vn
degré au plomb, & dix à l'ébene : c'est
pourquoy lors que ces deux corps des-
cendront de telle hauteur qu'on voudra,
dont ils descendroient esgalement viste,
si l'air n'empeschoit point, il arriuera que

le plomb perdra vn degré de sa vistesse, dans la cheute de dix mille pieds, & que l'ebene perdra dix degrez ; de sorte que le plomb la deuancera d'enuiron quatre doigts, lors que ces deux corps tomberont de la hauteur de deux cents brasses.

Et si la vessie pese seulement quatre fois dauantage que l'air, l'air luy ostera le quart de sa vistesse, & par consequent lors que l'ebene sera tombee du haut d'vne tour, la vessie n'aura descendu que les trois quarts de ladite tour.

Quant à l'eau, laquelle est doüze fois plus legere que le plomb, & deux fois plus legere que l'yuoire, elle oste la douziesme partie de la vistesse au plomb, & la moitié de la vistesse à l'yuoire : de sorte que quand le plomb aura fait vnze brasses d'eau, l'yuoire n'en aura fait que six.

L'on trouuera de la mesme maniere, les differentes vistesses d'vn mesme corps dans des milieux differens, pourueu que l'on ne considere pas les diuerses resistances des milieux, mais combien les mobiles sont plus pesans que lesdits mi-

lieux : par exemple, l'eſtain eſt mille fois
plus peſant que l'air, & dix fois plus peſant que l'eau : de ſorte que ſi l'on diuiſe
la viſteſſe abſoluë de l'eſtain en mille degrez, il tombera dans l'air d'vne viſteſſe
de neuf cens nonante-neuf degrez, parce
que l'air luy oſte vn degré : & dans l'eau
d'vne viſteſſe de neuf cens degrez , parce
qu'elle luy oſte la dixieſme partie de ſa
viſteſſe.

De rechef, ſi l'on prend vne boule de
bois qui ſurmonte fort peu la peſanteur
de l'eau, comme ſont pluſieurs eſpeces
de bois, & que, par exemple, le bois
peſe mille dragmes, & l'eau de meſme
volume neuf cens cinquante, & qu'vn eſgal volume d'air ne peſe que deux dragmes : ſuppoſé que la viſteſſe abſoluë de la
boule de bois ſoit de mille degrez, elle
n'aura plus que neuf cens nonante-huict
degrez dans l'air, & dans l'eau elle n'aura que cinquante degrez , puiſque l'eau
luy en oſte neuf cens cinquante : de ſorte
qu'vn tel bois deſcendra quaſi deux fois
plus viſte dans l'air, que dans l'eau, parce que la peſanteur dont il ſurpaſſe celle de l'eau, eſt la vingtieſme partie de

ſa propre peſanteur.

D'où il concluḋ qu'on peut trouuer la proportion de la viſteſſe des corps dans l'air & dans l'eau, ſans vn notable erreur, en ſuppoſant que l'air ne leur oſte quaſi rien de leur viſteſſe, & de leur peſanteur: de ſorte qu'ayant trouué de combien ils peſent plus que l'eau, l'on peut dire que leur viſteſſe dans l'air eſt à celle qu'ils ont dansl'eau, comme eſt leur peſanteur totale & abſoluë, à la péſanteur, par laquelle ils ſurpaſſent celle de l'eau : par exemple, ſi vne boule d'yuoire peze vingt onces,& que l'eau d'eſgal volume peſe dixſept onces, la viſteſſe de l'yuoire dans l'air ſera quaſi à ſa viſteſſe dans l'eau, comme vingt à trois : parce que l'yuoire ne ſurpaſſe la peſanteur de l'eau, que de trois parties. I'ay quelque objection à faire contre tout ce diſcours : mais ie la reſerue apres l'Article qui ſuit.

REMARQVE.

ILy en a qui tiennent encore auec Ariſtote dans l'onzieſme Chapitre du quatrieſme de la Phyſique, Que ſi l'eſpace

d'icy au centre de la terre eſtoit vuide, &
ſans aucun empeſchement, chaque corps
peſant deſcendroit dans vn moment, c'eſt
à dire auſſi viſte, comme va la lumiere; &
que dans le vuide tout miſſile, pour peu
de mouuement qu'on luy donnaſt, iroit
d'vne eſgale viſteſſe, & dans vn moment:
quoy que le ſens commun ſemble dicter
que les miſſiles iront d'autant plus viſte
qu'ils ſeront iettez auec plus de violence.
ſuppoſé neantmoins qu'ils ſe meuuent
dans le vuide, dans lequel pluſieurs autres maintiennent qu'il ne ſe feroit nul
mouuement.

ARTICLE XV.

Deux manieres, pour trouuer de com-
bien l'air eſt plus leger que l'eau, ou les au-
tres corps.

SI l'air eſtoit abſolument leger, plus
on en mettroit dans vn ballon, &
moins il ſeroit peſant, ce qui eſt contre
l'experience : n'importe que noſtre air
ne ſoit autre choſe que des vapeurs de

l’eau & de la terre, ou qu’il soit telle autre chose que l’on voudra, pouruen que
nous trouuions sa pesanteur, soit à l’esgard de l’eau, ou des autres corps, dont
la pesanteur nous est cogneuë. La premiere maniere, qui sert pour ce sujet,
depend d’vne bouteille de verre, ou d’autre matiere, laquelle ait tellement le goulet & le col disposé, que l’on y puisse mettre vn tampon, de telle sorte qu’il ait vne
languette ou soupape au haut, afin de
pousser dedans la plus grande quantité
d’air que l’on pourra, sans qu’il en puisse
sortir : & ayant pesé la bouteille deuant,
& apres, l’on verra combien l’air nouueau
pesera, lequel on y a poussé, & renfermé
en le condensant : car si au lieu que la
bouteille pesoit vne liure, elle pese vne
liure & vn quart d’once, il s’ensuit que
l’on y a poussé la pesanteur d’vn quart
d’once d’air. Mais parce qu’on ne peut
sçauoir la quantité d’air que l’on y a mis,
il faut ioindre le goulet d’vne autre bouteille au goulet de la premiere, de telle
sorte que l’air n’y ait point de communi-
cation ; & puis ayant remply d’eau cette
seconde bouteille, au fond de laquelle il

faut

faut faire vn petit trou , par lequel on pouſſe vn fil de fer, pour ouurir la languette de la premiere bouteille , afin que l'air enfermé par force, vienne à ſortir & à pouſſer autant d'eau de dehors la ſeconde bouteille , comme il eſt gros : de ſorte que recueillant l'eau qui en ſortira, ſa quantité monſtrera celle de l'air enfermé & condenſé, qui peſoit vn quart d'once.

Il eſt encore plus ayſé de faire la meſme choſe, ayant vne ſeule bouteile, laquelleil faut boucher comme l'autre, & y laiſſer auſſi vne languette ; & apres l'auoir peſee bien iuſtement, il y faut pouſſer, & faire entrer autant d'eau qu'on pourra, ſans qu'il ſorte rien de l'air qui eſt dedans; ce qu'il faut faire auec vne ſeringue: or la bouteille peut ayſement receuoir aſſez d'eau pour remplir ſes trois quarts, de ſorte que les quatre parties de l'air, c'eſt à dire, tout l'air qui rempliſſoit la bouteille, ſe retirera ſur l'eau, & ſe condéſera tellement, qu'il ſera contenu dans le quart de la bouteille. Or l'eau ayāt eſté meſuree & peſee, auſſi bien que la bouteille, la peſanteut qui reſtera appartiendra à l'air : par exemple, s'il y a trois liures d'eau, & que la bouteille pese vne liure, auant que de retirer cette eau, il faudra quatre liures pour la mettre en equilibre ; & ce qu'il faudra dauantage pour retrouuer l'equilibre apres y auoir mis l'eau, sera la pesanteur de l'air. Mais il est bon de remarquer que la bouteille doit estre la plus legere, & neantmoins la plus grosse que l'on puisse trouuer, d'autant que si elle est fort pesante, les balances, dont il faudra vser, ne perdront leur equililibre qu'auec vn poids bien grand ; de sorte que si elle pesoit vne liure, à peine quatre grains changeroient-ils l'equilibre ; & si elle n'est fort grosse, elle contiendra si peu d'air que sa pesanteur ne sera pas assez sensible, ce qui fait douter de la iustesse des experiences de Galilee, qui ne dit point les grandeurs & les pesanteurs de ses flacós, ny la force & la iustesse de ses balances, ny mesme la grandeur & pesanteur de l'air qu'il a pesé, en vsant de grains de sable pour ce suiet : il dit seulement qu'il a trouué par cette voye, que l'eau est prés de quatre cens fois plus pesante que l'air : au lieu que

par vn autre moyen qui dépend de la
proportion des cheutes, qu'ont les corps
differents en pesanteur, dans l'air & dans
l'eau, ie treuue qu'elle pese du moins mil
sept cens fois dauantage que l'air, comme l'on peut voir dans la premiere obseruation mise à la fin des Liures de l'Harmonie.

EXPERIENCE CONTRE
le discours de Galilee.

S'il est vray que les corps pesans per-
dent autant de leur vistesse en descendant, comme le milieu, par lequel ils
descendent, diminuë, & oste de leur pesanteur, & que l'air soit quatre cens fois
plus leger que l'eau, comme il dit, & le
plomb douze fois plus pesant que l'eau :
il s'ensuit que le plomb est quatre mille
huict cens fois plus pesant que l'air ; &
partant que le plomb ne va pas moins viste dans l'air que dans le vuide sinô d'vne
4800 partie, & que dans l'eau il va moins
viste d'vne douziesme partie, tant dans
le vuide que dans l'air, parce que l'air luy
oste si peu de sa pesanteur, & par conse-

quent de fa viſteſſe, que cela peut eſtre
negligé : donc le plomb ne doit deſcendre que douze pieds dans l'air , tandis
qu'il en deſcend vnze dans l'eau, ſi ſon
raiſonnement & ſon principe eſt veritable. Or l'experience perpetuelle monſtre
qu'en meſme temps qu'il d'eſcend onze
ou douze pieds dans l'eau , il en deſcend
quarante- huict dans l'air. c'eſt à dire, que
dans le temps de deux ſecondes minutes
il ne deſcend que de douze pieds de hauteur dans l'eau, & de quarante huict dans
l'air : donc il ne fait que le quart du chemin dans l'eau : d'où il s'enſuit qu'elle
luy oſte $\frac{3}{4}$ de la viſteſſe qu'il a dans le
vuide ou dant l'air, au lieu qu'elle ne luy
en deuroit oſter qu'vne douzieſme partie : & luy fait perdre trente-deux pieds,
au lieu qu'elle ne luy deuroit faire perdre
qu'vn pied. Et ſi l'on diuiſe le chemin du
plomb dans l'air en quatre mille huict
cens parties, ou degrez, il ne perd qu'vne
partie de ſa viſteſſe dans l'air, & trois mille ſix cens parties, c'eſt à dire, $\frac{3}{4}$ dans
l'eau; d'où il s'enſuiuroit que l'eau deuroit eſtre trois mille ſix cens fois auſſi
peſante que l'air , puis qu'elle oſte trois

mille six cens parties au plomb, auquel
l'air n'en oste qu'vne partie. Ce que ie
n'ay pas voulu dissimuler, afin que nul ne
se laisse preuenir, & que l'on examine
plus exactement de combien chaque
corps doit descendre plus ou moins viste dans chaque milieu : & si chacun a de
particuliers empeschemens.

ARTICLE XVI.

Du moyen de peser l'air dans le vuide.

PLVSIEVRS s'imaginent que ces experiences sont inutiles, parce que
l'air ne pese rien dans l'air, non plus que
l'eau dans l'eau ; & par consequent qu'il
faudroit peser l'air dans le vuide, pour en
sçauoir la veritable pesanteur, côme les
quatre dragmes de sable qui contrepe-
sent l'air, ont leur veritable pesanteur
dans l'air : car le milieu oste autant de la
pesanteur du corps qu'il contient, comme pese ledit milieu de mesme volume
que le corps : & partant l'air osté toute

la pefanteur à l'air. Mais dans les experiences precedentes l'air eft pefé dans le
vuide, parce que l'air pouffé par force
dans la bouteille, ne donne aucune impreffion à l'air exterieur : car la bouteille
ne fe groffit point pour cela. De forte que
l'air qui y eft mis de nouueau, eft péfé
dans le vuide, parce qu'il remplit le vuide qui eftoit femé dans l'air precedent
non condenfé, & partant c'eft dans ces
vuides qu'il eft pefé ; neàntmoins les
grains de fable pefent moins qu'il ne
faut, de la pefanteur de l'air de mefme
volume pefé dans le vuide. D'où l'on in-
fere que l'air de toute la bouteille contient du moins les trois quarts de vuide,
puifque l'on y met de nouueau trois
quarts d'air. D'où l'on peut conclure que
l'air condenfé de la bouteille pefe iuftement autant comme il peferoit dans le
vuide, foit qu'il y fuft dans fon eftenduë
naturelle, ou y demeurant condenfé. Ie
laiffe plufieurs autres manieres de pefer
l'air, afin de reuenir aux cheutes des
corps pefans.

ARTICLE XVII.

Consideration des mouuements que sont les corps plus ou moins pesans, lors qu'on les attache à des chordes.

GALILEE n'a pas mal choisi les mouuemens des corps pesans attachez à des chordes, parce que lors qu'ils tombent du haut des tours, ils vont si viste, que l'on ne peut pas si bien remarquer en quel lieu ils se trouuent à chaque moment, & quelle proportion les plus & les moins pesans ont en leur vistesse, comme l'on fait lors qu'ils sont attachez à des chordes.

Il est vray que les laissant cheoir sur vn plan incliné & panché sur l'Orison, ils vont plus lentement; mais le plan n'est iamais si parfait, qu'il ne diminuë la cheute qu'ils auroient dans l'air. C'est pourquoy il a vsé de chordes de quatre ou cinq brasses attachees en haut à vn cloud, dont l'vne soustenoit vne boule de plomq, & l'autre vne boule de liege,

E iiij

du moins cent fois plus legere que celle
de plomb. Il dit qu'ayant tiré ces deux
boules hors de leurs lignes perpendiculaires, elles font plus de cent tours & retours enfemble, fans que l'vne precede
l'autre d'vn feul moment ; & bien que la
grandeur des tours & retours de la boul-
le de liege fe diminuë : chacun dure
neantmoins toufiours autant que celuy
de la boule de plomb ; de forte que le liege fait cinq degrez de fon arc en mefme
temps que le plomb en fait cinquante ou
foixante du fien : de mefme fi l'on efloi-
gne feulement le plomb de cinq degrez
& le liege de trente, ils font tous deux
leurs arcs en mefme temps : & lors qu'ils
font des arcs efgaux en mefme temps,
leur mouuement eft efgal.

EXPERIENCE.

SI l'Autheur euft efté plus exact en fes
effais, il euft remarqué que la chorde
eftfenfiblement plus long-temps à defcendre depuis le haut de fon quart de
cercle iufques à fa perpendiculaire, que
lors qu'on la tire feulement dix ou quin-

ze degrez, comme tefmoignent les deux bruits que font deux chordes efgales, frappant contre vn ais mis au poinct de la perpendiculaire. Et s'il euft feulement nombré iufques à trente ou quarante retours de l'vne tirée vingt degrez ou moins, & de l'autre quatre-vingt ou nonante degrez, il euft cogneu que la moins tirée fait vn retour dauantage fur trente ou quarante retours: & fi l'on pouuoit toufiours en faire aller vne à quatre-vingt degrez, tandis que celle de dix ou vingt degrez iroit fe diminuant, celle-cy pourroit gaigner vn retour fur dix ou douze retours. Voyez encore l'Article vingtiefme, où il eft parlé plus amplemét de ces chordes. Il y a feulement cette difference, que le liege ne fait pas tant de tours, & treuue pluftoft fon repos, à caufe que l'air l'empefche dauantage que le plomb. Mais nous parlerons encor du mouuement de ces poids attachez aux chordes dans le vingt-troifiefme Article.

ARTICLE XVIII.

Des empeschemens que les diuerses grandeurs des surfaces, & des autres qualitez des corps pesans, apportent à la vistesse de leurs cheutes.

IL est certain que les inesgalitez des corps empeschent leur vistesse ; de là vient que les corps que l'on iette, qui tournent comme les toupies, ou qui descendent, ont coustume de siffler & de faire des bruits, ou des sons plus ou moins aigus selō leur vitesse, ce qui n'arriue pas aux corps polis ; mais la principale cause du retardement de la cheute des corps de mesme espece de pesanteur, par exéple, des pierres, du plomb, &c. vient de la differente grandeur de leurs surfaces : car lors qu'elles sont plus grandes à l'esgard du solide qu'elles contiennent, elles retardent dauantage le mouuement : de sorte qu'elles peuuent tellement croistre, qu'elles l'empescheront tout à fait : par exemple, si nous prenons vn dé, ou cube

d'yuoire, ou de telle autre matiere qu'on
voudra, dont chaque costé ait vn ou deux
pouces en quarré, ce dé ou ce cube n'aura que vingt-quatre pouces de surface.

Mais si on le diuise en huict petits cubes, le costé de chacun aura vn pouce, &
partant les huict auroit quarante-huict
pouces : de sorte que chaque petit cube
n'estant que $\frac{1}{8}$ du premier, sa surface est
$\frac{1}{4}$ de celle du premier, d'où il appert
que la solidité perd deux fois autant que
la surface.

Si l'on diuise encore chaque petit cube en huict autres moindres, chacun aura la sixiesme partie de la surface du premier, & n'aura que la soixante-quatries-
me partie de sa solidité : de maniere que
les deux premieres diuisions diminuent
quatre fois dauantage la solidité que la
surface. Et si l'on continuoit les diuisions
iusques à des cubes esgaux aux grains de
sable, ou à de la poussiere, impalpables,
la solidité se diminueroit mille fois dauantage que la surface, & mesme l'on
pourroit dire que l'on n'auroit quasi plus
qu'vne surface sans solidité.

D'où il eſt aiſé de conclure que l'empeſchement de la cheute eſt beaucoup
plus grand és petits corps que dans les
grands, ſoit ſemblables, comme ſont leſdits cubes, ou diſſemblables, comme lors
qu'on les compare auec des globes. C'eſt
pourquoy il eſt veritable de dire, que les
petits corps ont de plus grandes ſurfaces
que les grands : par exemple, que chaque
cube de la ſeconde diuiſion precedente,
a quatre fois plus de ſurface que le grand
cube, qui eſt ſoixante quatre fois plus
peſant, ce qui s'entend à l'égard de leurs
ſoliditez, ou de leurs peſanteurs : & c'eſt
ce qui fait que certains petits corps qui
troublent l'eau, ſont quelquefois deux
ou trois heures ou plus, à deſcendre iuſques au fond, encore que les grands
corps de meſme matiere y deſcendent
dans vn moment, comme l'on experimente à la poudre d'emery & d'eſtain,
qui nagent ſur l'eau, & meſme aux fueilles d'or, que l'on peut quaſi prendre pour
de ſimples ſurfaces, quoy qu'elles croiſ-
ſent encore dix fois dauantage en dorant
le fil d'argent, comme il a eſté dit cy-deuant ; & peut eſtre que cette diminution

empefcheroit qu'elles defcendiffent dâs
l'air, fi l'on pouuoit les feparer de leur fil:
du moins l'on peut dire iufques à quelle
extenfion de furface chaque corps doit
arriuer pour ne pouuoir plus defcendre
dans l'air, fuppofé que l'on fçache fa pefanteur : par exemple, s'il eft cent fois
plus leger que l'eau, vne fueille d'or de
mefme pefanteur que l'ordinaire, mais
ayant fa furface cent fois plus grande,
nageroit dans l'air, fans y pouuoir defcendre.

Galilee adioufte vn Probleme Geo-
metric en faueur des furfaces, à fçauoir
que les folides femblables font entr'eux,
en proportion fefquialtere de leurs furfaces, ce qu'il prouue parce que ce qui eft
triple d'vne chofe, dont vne autre eft
double, vient à eftre fefquialtere de cette
chofe. Or les furfaces font en proportion
double des lignes, defquelles les folides font en raifon triple, donc les folides font en raifon fefquialtere des furfaces.

REMARQVE POVR
l'intelligence des termes.

SVr quoy il faut remaquer que Galilee vse du mot de *proportion* au lieu de celuy de *raison*, & de *triple*, & *double*, au lieu de *triplee*, & *doublee* : de sorte qu'il fait en ce sujet, comme lors qu'on dit que la raison double de deux à vn, estant ostee de la raison triple de trois à vn, il reste la sesquialtere de trois à deux, quoy que ce ne soit pas là son sens : car si l'on compare le cube de la premiere diuision precedente, au premier cube qui est en raison triplee de ses costez, nous trouuerons que leurs costez sont de deux à vn, leurs surfaces de quatre à vn, & leurs solides de huict à vn. Or la raison double de deux à vn, estant ostee de celle de huict à vn, il reste la raison double de huict à quatre, & non la raison sesquialtere, comme dit Galilee. Neantmoins Archimede a parlé de la *sesquialtere*, dans la huictiesme Proportion de la Sphere, & du Cylindre, au mesme sens : mais pour éuiter l'obscurité, i'ayme mieux

dire que les solides semblables sont
entr'eux en raison double, ou doublee de leurs surfaces, comme dans l'e-
xemple precedent, leur raison octuple est
double ou doublee de la raison double
de leurs surfaces.

Or ie veux expliquer cette maniere de
parler en deux exemples, afin que l'on
entende d'autres choses, dont Galilee
parlera apres en vsant des mesmes termes. Supposons donc que deux Spheres
soient tellement proportionnees, que le
diametre de l'vne soit double de l'autre,
leurs surfaces seront en raison doublee
de leurs diametres, & leurs soliditez en
raison triplee, ce qui s'explique par ces
nombres, vn, deux, quatre, huict. Or
puisque la raison d'vn à huict, contient
trois raisons doubles, il s'ensuit que la
raison de vn à huict peut estre appellé sesquialtere de la raison de vn à quatre, puis
qu'elle contient trois raisons esgales aux
deux qui sont d'vn à quatre, c'est à dire,
que la raison des solides est sesquialtere
de celle des surfaces : par où l'on void
que Galilee compare les raisons entr'elles, comme si elles estoient de simples

nombres : c'est pourquoy il appelle la raison doublee, *double*, & la triplee, *triple* : ce
que i'ay voulu remarquer de peur que
l'on croye qu'il ait manqué en ses raison
nemens.

ARTICLE XIX.

A sçauoir, si la resistance de l'air est assez gran-
de, pour empescher que les corps les plus
pesans & les plus gros, n'augmentent plus
leur vistesse.

IL conclud qu'il n'y a point de globe si
pesant, soit de fer, de plomb, on de telle autre matiere qu'on voudra, qui ne
perde de l'augmentation de la vistesse,
qu'il auroit dans le vuide, quelque subti-
lité que le milieu puisse auoir : de sorte
qu'il arriue en fin à vn certain endroit, où
il n'augmentera plus sa vistesse, & retien-
dra tousiours celle qu'il aura acquise iusques en ce lieu : ce qu'il prouue en deux
manieres, l'vne par l'eau, qui priue incontinent vne balle de plomb de la vistèsse
qu'elle auoit acquise en tombant de quatre ou

tre ou cinq toiſes dans l'air : de ſorte
qu'il n'y a pas d'apparence qu'elle ac-
quiſt vne ſemblable viſteſſe dans la
cheute de mille braſſes d'eau : car pourquoy l'eau oſteroit-elle d'abord la viſteſſe qu'elle deuroit apres luy redonner? &
puis on experimente que les coups de canon, qui trauerſent vn peu d'eau auant
que de frapper vn Nauire, ne luy font
quaſi point de mal : & qu'vne balle tiree
en haut, & retombant dans l'eau, n'en-
fonce quaſi point dans le ſable.

L'autre preuue eſt priſe de ce qu'vn
coup d'arquebuſe tiré du haut d'vne
tour en bas, ne frappe pas ſi fort que ſi
l'on tiroit le meſme coup en bas prés de
quatre ou cinq braſſes du blanc : ce qui
monſtre que l'air a rompu la viſteſſe de la
balle, qui deſcendoit de la tour, quelque
eſtrange viſteſſe qu'elle peuſt auoir. Ioint
qu'il n'y a point d'apparence qu'vne balle de mouſquet acquiere autant de viſteſſe en tombant de telle hauteur qu'on
voudra, fuſt-ce depuis la Lune, comme
elle en a, lors quelle ſort du mouſquet, ou
à trente ou quarante braſſes de là : &
neantmoins ſi l'air n'empeſchoit ſa viſteſ-

ſe, il eſt certain qu'elle iroit auſſi viſte, & par conſequent qu'elle feroit autant de mal, d'effect, & de faucee, en deſcendant par ſon mouuement naturel, comme elle en fait à la ſortie de l'harquebuſe, lors qu'elle ſeroit deſcenduë 21. ſecondes minutes; car elle feroit quatre-vingts & deux toiſes dans le temps d'vne ſeconde minute, ſnıuant nos experiences; c'eſt à dire quaſi dans vn moment, ſuppoſé que l'air ne l'empeſchaſt pas d'auantage que le vuide. Mais il faudroit qu'elle deſcen- diſt de la hauteur de quatre cens quaran- te-vne toiſes, pour acquerir cette viſteſ- ſe, & pour auoir autant d'effect comme à la ſortie de l'arquebuſe : ce que nous ne pouuons experimenter, parce que nous n'auons point de ſi grande hauteur, dont nous puiſſions laiſſer cheoir vn boulet, quoy que l'on puiſſe dire qu'vn boulet de canon tiré perpendiculairement, re- tombe d'auſſi haut, puis qu'il doit eſtre du moins deux fois auſſi long-temps à re- tomber, comme la balle d'harquebuſe, qui employe douze ſecondes minutes à ſa cheute, & qui par conſequent redeſ- cend de deux cens quatre-vingt-huict

toifes de hauteur, autant qu'elle auoit
monté, fuppofé que dans cét efpace l'air
n'empefche pas fenfiblement la viftefle,
dont ladite balle defcendroit en mefme
temps dans le vuide : car elle feroit pour
lors quarante-fix toifes dans la douziefme ou derniere feconde de fa cheute,
puis qu'elle en fait deux dás la premiere ;
comme l'experience enfeigne, au lieu
qu'à la fortie de l'harquebufe elle fait du
moins feptante toifes dans la premire feconde minute, puifque fa portee de cent
toifes de blanc en blanc dure vne feconde minute & demie.

Or fi le boulet de canon employe deux
fois autant de temps à retomber, c'eft à
dire, vingt-quatre fecondes, il fait no-
nante-quatre toifes dans fa derniere ou
vingt-quatriefme feconde, & par confequent va plus vifte que la balle d'harquebufe à fa fortie : c'eft à dire, que
ledit boulet va plus vifte à la fortie
du canon, que la balle d'harquebufe ; mais il faudroit experimenter combien ledit boulet tiré perpendiculairement, entre dans la terre, pour fçauoir de
combien l'air luy ofte de fa viftefle, car il

n'y a point d'apparence qu'il ait vn effect pareil à celuy qu'il a sortant de son ca-non, de quelque hauteur qu'il puisse tom-ber : quoy que si le mouuement se faisoit dans le vuide, il semble que le dernier moment de sa cheute doit estre si égal en vistesse au premier moment de sa proje-ction.

ARTICLE XX.

De la proportion que doiuent garder les chor-des penduës en haut, pour faire leurs tours & leurs retours en plus ou moins de temps, comme l'on voudra.

APRES auoir supposé ce que mon-stre l'experience, à sçauoir que tous les tours & retours des chordes se font en temps esgaux, soit que les poids qui y sont attachez soient éleuez iusques à no-nante degrez, c'est à dire, iusques au haut du quart de cercle, ou seulement iusques à deux ou trois degrez : il dit encore que ce mouuement par l'arc du quart de cer-cle se fait plus viste, que par nulle autre

ligne fouftendanre, tiree depuis tel degré dudit quart de cercle qu'on voudra,
iufques au bout où l'orifon le touche,
quoy que chacune de ces lignes droictes
foit beaucoup plus courte que ledit arc.
A quoy l'on peut adioufter que le mouuement de la balle ne cefferoit iamais, fi
l'air & la chorde ne l'empefchoient nullement, parcé que la viftesse qu'elle acquiert en defcendant la feroit toufiours
remonter auffi haut, comme le lieu d'où
elle feroit defcenduë, & partant auroit
vn perpetuel mouuement.

Quant aux longueurs que doiuent
auoir les chordes, afin que leurs tours
ayent telle proportion entr'eux que l'on
voudra, elles doiuent eftre en raifon doublee des temps que l'on veut qu'elles em-
ployent, c'eft à dire, qu'elles ont mefme
raifon entr'elles que les quarrez des
temps de leurs retours : par exemple, fi
l'on veut que chaque tour d'vne chorde
dure deux fois autant que celuy d'vn autre, il faut la faire quatre fois auffi longue; de maniere que fi l'on m'apprend la
duree de l'vn des tours de la chorde qui
tient la lampe d'vne Eglife, & qui eft at-

tachee à la voûte, ie sçauray sa longueur,
& par consequent la hauteur de la voûte ; comme si depuis la lampe de l'Eglise
de Nostre-Dame, il y auoit cent huict
pieds, chaque tour de la lampe dureroit
six secondes, supposé que le tour d'vne
chorde de trois pieds dure vne seconde
minute, parce que les quarrez d'vn & de
six, sont vn & trente-six ; & parce que la
chorde de trois pieds respond à vn, il
faut multiplier trente-six par trois, qui
font cent huict pour la longueur de la
chorde, dont chaque tour dure six secondes : & si la voûte auoit cent quarante sept pieds de haut, chaque tour de la
chorde dureroit sept secondes , &c.
Si l'on compte vingt tours de la chorde
plus longue, dont on ne sçait pas la longueur, en mesme temps que celle d'vne
brasse en fera deux cens quarante , les
quarrez de vingt & de vingt-quatre, à
sçauoir quatre cens,&cinquante sept mil
six cens,monstreront que celle de la brasse contient quatre cens parties , des cinquante sept mil six cens, que contient la
grande chorde : donc cinquante sept mil
six cens diuisez par quatre cens, don-

nera cent quarante quatre braſſes pour la longueur de ladite chorde.

De meſme, ſi l'on compte neuf tours de la chorde attachee à la voûte de Noſtre Dame, tandis que la chorde de trois pieds en fera cinquante quatre. Suppoſons que cette chorde ſoit vne ſeule meſure, comme en effect elle eſt vne demie toiſe, les quarrez de neuf & de cinquante quatre, à ſçauoir, quatre-vingt-vn, & deux mil neuf cens ſeize, monſtreront que la chorde de trois pieds contient quatre-vingt-vne parties des deux mil neuf cens ſeize de l'autre chorde, & partant deux mil neuf cens ſeize diuiſé par quatre-vingt-vn, donnera trente ſix demies toiſes, ou meſures de trois pieds, c'eſt à dire cent huict pieds de longueur, pour la chorde, qui monſtrera la hauteur de la voûte.

REMARQVE ET EXPLICATION.

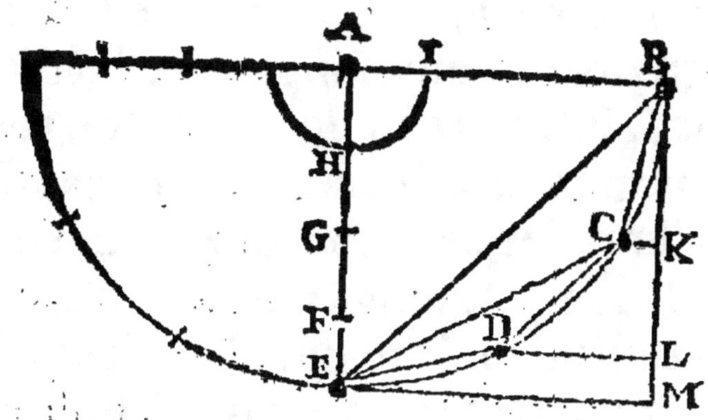

MAis parce que l'on entend mieux
cecy par le moyen des figures, ie
repete icy la troisiesme figure de la septiesme Addition faite aux Mechaniques
de Galilee: Il dit donc que la chorde AE,
attachee au poinct A, & ayant vn poids
attaché en E, tombe aussi-tost depuis B,
qui est le haut du quart de cercle iusques
en E, par le quart de cercle B C D E, comme lors qu'elle tombe seulement depuis
C, ou D, iusques en E : & semblablement
qu'vne boule descend plustost par ledit
quart de cercle depuis B, iusques en E,
en roulant sur l'enchasseure d'vn sas,
qu'elle ne descend par le plan B E, quoy

qu'il foit plus court, ou par le plan C E,
ou D E, ou tel autre qu'on voudra.

De plus, fi la chorde A H, fait fon tour
dans vn moment, de I en H, elle doit
eftre quatre fois plus longue, c'eſt à dire,
depuis A iuſques à E, pour faire fon tour
en deux momens, depuis B, iuſques à E:
fi l'on fuppoſe que la chorde AH, ait trois
pieds & demy de long, elle fera chacun
de fes tours dans le temps d'vne feconde
minute; & partant fera trois mil fix cens
retours dans vne heure ; & parce que A
E, eft quatre fois plus longue, elle aura
quatorze pieds, & fera chacun de fes retours dans deux fecondes : s'il y a quelque chofe à defirer icy, on le trouuera
dans le quatriefme Liure.

ARTICLE XXI.

*Expliquer pourquoy vne chorde de Luth ou
d'Espinette touchee fait bransler les autres
chordes non touchees, qui sont à l'vnisson, à l'octaue, & à la quinte.*

IL est certain que le seul souffle peut es-
bransler & faire mouuoir le poids qui
est pendu à vne chorde, laquelle s'ébran-
lera d'autant plus, que l'on repetera le
souffle plus souuent, lors que le poids
suspendu reuiendra du mesme costé de
celuy qui souffle; dont la repetition faite
bien à propos, & à temps, peut esbran-
ler des cloches assez grosses, & mesmes
les faire sonner. Or quelque force ou
foiblesse dont on vse pour faire mouuoir
le poids suspendu à la chorde, elle fait
tousiours chacun de ses retours en mesme temps. Cecy posé, il est constant que
les chordes de Luth sont aussi deter-
minees par leur tension, & leurs autres
qualitez, à faire leurs tours, ou leurs
tremblemens dans vn temps certain, &

qu'vne chorde donne autant de fecouf-
fes, ou de coups à l'air, comme elle fe re-
muë de fois : de forte que tous ces mouuements d'air vont frapper toutes les
chordes de l'inftrument, que l'on touche,
& durent auffi long-temps que le fon de
la chorde.

Mais parce que la chorde qui fe rencontre à l'vniffon, eft difpofee à trembler
auffi vifte que celle qui eft touchee, le
premier tour de la touchee luy donnant
la premiere impreffion commence à l'ef-
branler, & le fecond, le troifiefme, le
vingtiefme tour, & tous les autres l'ef-
branlans toufiours de plus en plus, elle
tremble côme celle mefme qu'on a tou-
hee : de là vient que l'on void qu'elle s'e-
flargit, & qu'elle fait trembler la paille, le
papier, les efpingles, ou les autreschofes
qu'on met deffus. Et bien que les chordes ne foient pas fur le mefme Luth, mais
fur vn autre, elles pourront trembler auffi bien comme fait vn verre, lors que l'on
touche auec l'archet l'vne des groffes
chordes d'vne violle, qui trouue ledit
verre à l'vniffon.

Semblablement, fi on frotte auec le

doigt ſur le bord d'vn verre, dans lequel
il y a de l'eau, l'eau ſe frize par de petites
ondes eſgales, & lors que l'on arreſte ſa
pate dans vn autre vaſe où il y a de l'eau :
cette eau ſaute d'vn coſté & d'autre tout
autour dudit verre. Surquoy il remarque
vn effect bien notable , lequel ie n'ay
point veu, à ſçauoir qu'il arriue quelquefois qu'en frottant le bord d'vn verre aſſez grand , les ondes de l'eau qui fremit
dedans, viennent à ſe fendre chacune en
deux, lors que le ſon du verre paſſe, &
ſaute iuſques à l'octaue haute ; d'où il
conclud fort bien que la raiſon de l'o-
ctaue eſt double, ou d'vn à deux : mais
nous parlerons de la force, ou de l'eſſence des conſonances dans l'Article ſuiuant,

ARTICLE XXII.

Quelle eſt l'eſſence, & la raiſon de chaque
conſonance.

L'ON a tenu iuſques à preſent que la
raiſon des conſonances eſt priſe de

celle de la chorde qui se diuise sur vn monochorde, par exemple, que la raison de
l'octaue est double, parce que la chorde
entiere fait l'octaue en bas contre la moitié de la mesme chorde, que l'on diuise
auec vn cheualet. Que la raison de la
quinte est sesquialtere de 3. à deux, parce que le cheualet estant mis au tiers de
la chorde, le costé de la chorde, c'est à
dire les deux tiers, fait ouyr la quinte
auec la chorde entiere.

Mais il a sujet de ne se contenter pas
de cette raison, parce qu'elle ne se rencontre pas dans les autres manieres dont
on vse pour trouuer les consonances, en
faisant monter ou descendre les chordes,
afin de faire leurs sons plus aigus ou plus
graues.

Car outre la premiere maniere, laquelle accourcit les chordes, dont nous
auons parlé, l'on fait la mesme chose en
les bandant dauantage, ou en les ame-
nuisant, pour les rendre plus minces &
plus deliees. Or comme l'on fait l'octaue
sur le monochorde, auec la chorde de
mesme grosseur & tension, en l'accourcis-
sant de moitié; ainsi lors qu'on retient la

meſme groſſeur & longueur de la chorde, il la faut bander ou tendre, & tirer
quatre fois plus fort : de ſorte que ſi elle
eſtoit tenduë par vne liure, il la faut tendre par quatre liures, pour la faire monter à l'octaue. La troiſieſme maniere conſerue la meſme longueur & tenſion, mais
elle ne retient que le quart de la groſſeur :
de ſorte que la chorde doit eſtre quatre
fois plus deliee pour faire l'octaue : par
où l'on void que la raiſon de l'octaue priſe des deux dernieres manieres, eſt doublee de la raiſon priſe de la premiere maniere : ce qui arriue ſemblablement à
tous les autres interualles de la Muſique :
par exemple, ſi l'on veut faire la quinte
par les deux dernieres manieres, il faut
doubler la raiſon ſeſquialtere, en prenant
la raiſon double ſeſquiquarte ; & ſi la
chorde eſt premierement bandee auec
quatre liures, il la faut bander auec neuf
liures : ou ſi l'on veut rendre la chorde
plus deliee, elle ne doit auoit que quatre
parties de la groſſeur de celle de neuf
parties. Cecy poſé, il ſemble que les Phi-
loſophes n'ont pas eu plus de raiſon de
dire que la proportion de l'octaue eſt

double, & celle de la quinte sesquialtere, que s'ils eussent dit quelles estoient
quadruple & sesquiquarte. Et Galilee
confesse qu'il n'eust peu sçauoir s'il est
veritable, que les tours ou tremblemens
de la chorde, qui fait le son aigu de l'o-
ctaue, soient doubles en nombre de ceux
de la chorde qui fait le son graue de ladite octaue (parce qu'il ne croid pas qu'on
puisse nombrer les tremblemens des
chordes, à cause de leur trop grande vistesse) n'eust esté les ondes du verre, qui
se fendirent en deux, lors que le son pas-
sa iusques à l'octaue. Mais parce que ce
frissonnement des ondes ne dure pas assez long-temps pour les compter bien à
l'aise & tres-iustement, il a rencontré vne
autre experience, dont il vse pour ce sujet, laquelle consiste à racler vne piece de
leton auec vn ciseau : car elle fait entendre vn sifflement, & vn bruit agreable, &
voir quant & quant vne quantité de
plusieurs ondes, ou plis paralleles, gar-
dans vne égale distance : & lors qu'elle
ne fait point de bruit, quoy qu'on coule
le ciseau dessus, l'on ne void point ces
ondes. De plus, quand on racle plus fort,

le son se fait plus aigu, & les ondes sont
en plus grand nombre & plus proches les
vnes des autres, particulierement lors
que l'on racle plus viste vers l'extruité de
la lame : & mesme l'on sent vn tremblement dans la main qui tient la plaque,
semblable à celuy qu'on sent dans la
gorge, & au larynx lors qu'on chante la
basse.

Il a encore remarqué que les chordes
qui font la quinte sur vn clauecin, trem-
blent au bruit de ladite plaque de leton,
& qu'apres auoir mesuré deux sortes
d'ondes, qui faisoient la quinte, il y en
auoit quarante cinq vne fois, & l'autre
fois trente, qui font la raison de la quinte.

Voila ce qui la contraint de confesser
que la raison de cette consonance est
sesquialtere, & que celle de l'octaue est
double. Il faut donc demeurer d'accord
que la vraye raison des consonances, &
des autres interualles de Musique, se
doiuent prendre du nombre des bate-
mens d'air, qui vont battre le tambour
de l'oreille, pour se porter iusques à l'esprit,

Mais

Mais il eſt conſtant que Galilee n'a
pas ſceu la maniere de compter le nombre des tremblemens d'vne chorde de
Luth, d'Eſpinette, ou d'vn autre inſtru-
ment, laquelle i'ay donnee & expliquee ſi
clairement, qu'il n'y a nulle difficulté ;
joint que les languettes des regales ſont
encore plus propres pour apperceuoir les
tremblemens du ſon, que n'eſt vne ſim-
ple plaque de leton.

Il remarque encore que la peſanteur
des chordes eſt auſſi conſiderable que
leur groſſeur : & qu'au lieu qu'és chordes
de meſme matiere, comme de boyau ou
de leton, qui doiuent eſtre quatre fois
plus groſſes pour faire l'octaue, ſi on les
prend de matiere differente, par exemple, que l'vne ſoit de boyau & l'autre de
leton, il ſuffit que la chorde de leton peſe
quatre fois autant que celle de boyau,
quoy qu'elle ne ſoit pas plus groſſe, ou
meſme qu'elle ſoit plus deliee pour faire
l'octaue en bas. D'où il arriue qu'vn clauecin monté de chordes d'or, ſera quaſi à
la quinte d'vn autre monté de chordes de
leton de meſme groſſeur, longueur, &
tenſion que celles d'or, parce que l'or eſt

quafi deux fois plus pefant : de forte que
en ce fujet la pefanteur du mobile refifte
dauantage à la viftefe du mouuement,
que ne fait fa groffeur, contre ce qui arriue au mobile, qui tombe plus vifte, lors
qu'il eft plus pefant en mefme volume, &
plus lentement, quand il eft plus gros &
plus leger. Surquoy l'on peut voir toutes les obferuations que i'ay faites des
fons que font les chordes de toutes fortes de metaux capables d'eftre tirez par
la filiere, & d'eftre bandez affez fort pour
faire entendre des fons.

ARTICLE XXIII.

D'où vient l'agreement & la douceur des
confonances : & pourquoy, & de combien
d'vne eft plus douce que l'autre.

LE plaifir que l'on reçoit de deux fons
differents que l'on oyt en mefme
temps, vient de ce que les tremblemens
qui les produifent s'vniffent fouuent enfemble fur le tambour de l'oreille, ou
dans l'imagination : & le deplaifir vient

des tremblemens des sons discordans qui s'vnissent fort rarement ensemble, comme il arriue à deux chordes d'esgale grosseur, matiere, & tension, dôt l'vne est esgale au costé du quarré, & l'autre à son diametre: car elles font vn triton fort desagreable, à cause de la des-ynion de leurs tremblemens, qui font endurer vn tourment perpetuel au tambour, parce qu'ils sont incommensurables & irratio-nels, & que l'vn le frappe tousiours à contre-sens, & à contre temps de l'au-tre.

Quant aux consonances, les tremble-mens qui font la principale & la premie-re, c'est à dire l'octaue, s'vnissent à cha-que battement de la plus grosse chorde: car tandis qu'elle fait vn tour, la plus de-liee, ou la plus courte en fait deux: de sorte que la moitié des tremblemens du son aigu, s'vnit auec ceux du graue: au lieu que les tremblemens des deux chor-des qui font l'vnisson, frappent tousiours ensemble; c'est pourquoy elles ne parois-sent que comme vne seule chorde, & ne font point de consonance.

La quinte est encore agreable, parce

que le tiers des tremblemens du son aigu s'vnit auec ceux du graue : car de chaque ternaire de tremblements du son aigu, il y a deux tremblemens qui ne s'v-
nissent point auec les deux tremblemens
du son graue ; le son aigu de la quatre en
a trois qui ne s'vnissent point, & le ton
n'vnit qu'vn seul de ces tremblemens, &
blesse l'aureille auec les huict autres.

Ce qui se peut expliquer par lignes
en cette maniere. Ima-
ginons que la ligne A B,
soit la grandeur d'vn
tour & d'vn mouue-
ment de la plus grande
chorde, & que C D, soit la grandeur du 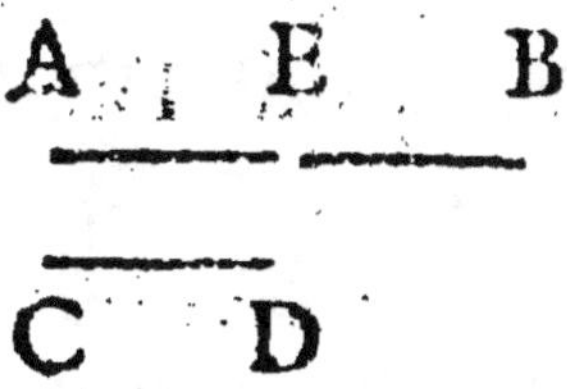
mouuement de la moindre chorde, qui
fait le son aigu de l'octaue, & puis diui-
sons A B en E, par le milieu. Apres que
les chordes auront commencé leurs
mouuemens en A & en C, lors que la
moindre chorde sera arriuee au poinct
D, la plus grande ne sera qu'en E, & quãd
la moindre sera de retour en C, la plus
grande sera en B ; de sorte qu'elles frapperont en mesme temps, tant en B & en
C, que sur le tambour de l'oreille. Nous

auons defia vne vnion. Derechef, tandis
que la moindre ira de C en D, & de D en
C, l'autre ira de B en E, où il ne fe fait
point de coup, & puis d E en A ; de forte
que la feconde vnion des coups fe fera en
A & en C, au lieu que la premiere fe fai-
foit en C & en B, ce qui n'importe pas,
car il fuffit que les tremblemens de l'air
frappent l'ouye en mefme temps.

L'on monftre la mefme chofe de la
quinte ; & pour ce fujet le mouuement
de la plus grande chorde foit reprefenté
par A B, & diui-
A   E   O   B   fee en trois par-
                           ties par E & O,
C   D   & le mouue-
                           ment de la plus
courte par C D ; fi les chordes commencent à fe mouuoir enfemble aux poincts
A & C, la grande eftant en O, l'autre fera
en D, de forte que le tambour ne receura
que le coup D ; & lors qu'elle retournera
de D en C, la groffe ira d'O en B, & de B
en O, apres auoir frappé en B, fans eftre
accompagné du coup de la moindre : de
forte que ce coup fe fait à contre-temps,
car ce deuxiefme coup n'eft differend du

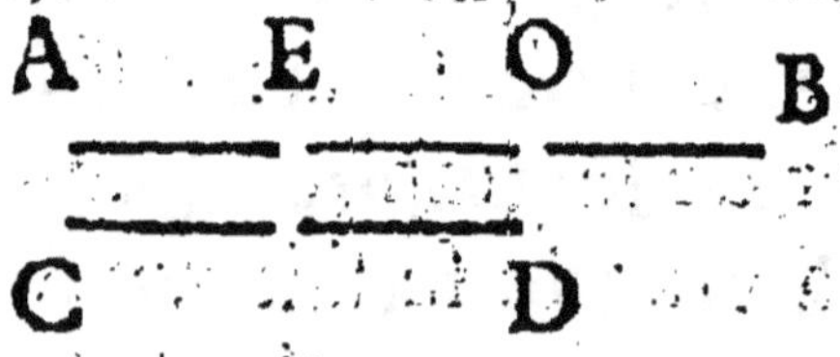

premier que d'O B, qui n'est que la moitié d'A O. Or continuant son retour d'O
en A, la moindre reuient de C en D, de
forte que les coups de l'vne & l'autre s'v-
nissent pour la premiere fois en A & en
D, les autres periodes se font tout de
mesme, de maniere que la grande chorde frappe toute seule vn coup entre les
deux coups tous seuls de la moindre, &
le second coup de la grande vient tousiours à s'vnir auec le troisiesme de la
moindre.

Où il faut remarquer que le second
coup de la moindre chorde se fait aussi-
tost aprés le premier de la grande, comme le premier de la grande se fait apres
le premier de la moindre, & qu'elles sont
par apres deux fois autant de temps auãt
que de s'vnir.

Ce que i'explique par la seconde periode de leur vnion, faisons donc qu'elles
continuent leur mouuement, & parce
que nous les auons laissées en A & en D,
supposons que les trois parties de la
grande representent trois momens, & les
deux de la moindre deux momens, tandis que la moindre ira de D en C, en deux

momens, l'autre ira d'A en O, aussi en
deux moments,
A   E   O   B   & puis d'O en B,
en vn moment;
C   F   D   où elle frappe,
tandis que la
moindre est allee de C en F, laquelle va
aussi frapper vn moment apres en D, tandis que l'autre va de B en O : de sorte que
ces deux derniers coups solitaires se sont
faits de moment en moment ; & finalement tandis que la grande acheue son second tour d'O en A, en deux momens, la
moindre acheue son troisiesme tour de
D en C en deux momens : de sorte que
l'vnion de la seconde periode se fait par
les deux coups A & C, qui sont du mesme costé. D'où il est aisé de conclure que
de six moments qui se considerent icy
dans les tremblemens de chacune des
chordes, qui font la quinte, le premier
coup se fait tout seul à la fin des deux premiers momens, le second tout seul à la
fin du troisiesme moment, le troisiesme
coup à la fin du quatriesme moment, &
finalement le quatriesme coup deux momens apres, c'est à dire à la fin du 6. mo-

ment : de sorte que les coups ou battemens de la quinte ne s'vniſſent qu'vne fois en ſix momens, & que le tambour de l'oreille eſt frappé de trois battemens ſolitaires, auant que d'eſtre battu de deux enſemble : d'où il arriue qu'elle a de l'aigreur auec ſa douceur: ce qui n'arriue pas à l'octaue.

Mais i'ay traitté ſi amplement de la raiſon de toutes ces conſonances, qu'il eſt malaiſé d'y adiouſter : c'eſt pourquoy i'acheue ce premier liure par la derniere conſideration qu'il fait dans ſa premiere iournee.

ARTICLE XXIV.

La maniere de representer à la veuë le trem-
blement des consonances, par le moyen
des poids attachez à des filets, ou à des
chordes.

PVISQVE les chordes, dont nous
auons desia parlé, sont en raison doublee des temps qu'elles representent, il
s'ensuit aussi qu'elles sont en raison doublee des sons que l'on veut expliquer :
c'est pourquoy si l'on prend vne chorde
de seize pieds ou palmes de longueur
pour representer le tremblement le plus
tardif de l'octaue, la chorde de quatre
pieds representera le plus viste tremblement de la mesme octaue, qui sera double en vistesse du precedent : de sorte que
cette chorde fera deux de ses allees ou
mouuemens, tandis que celle de seize
pieds ne fera qu'vn mouuement : & la
chorde du milieu qui aura neuf pieds de
long, fera trois de ses mouuemens, tan-

dis que celle de seize pieds en fera deux,
& celle de quatre en fera quatre. Posons
donc que l'on vueille auoir trois chordes
attachees en haut à trois cloux, lesquelles vnissent autant de fois leurs mouuemens ou frappent ensemble autant de
fois, comme font les trois chordes de
Luth, qui font les trois sons de l'octaue,
vt, *sol*, *fa*, c'est à dire, qui diuisent l'octaue harmoniquement, comme parlent les
Practiciens, ou pour mieux dire, Arith-
methiquement, suiuant nos demonstrations : ce qui arriue lors qu'on met la
quinte en bas, & la quarte en haut, & que
les nombres sont ainsi disposez, deux,
trois, quatre, pour representer les deux
mouuemens ou tremblemens de la Basse, les trois de la Taille, & les quatre du
Dessus. Or l'on trouue la longueur des
chordes penduës à des cloux, pour representer ces mouuemens ou tremblemens
à la veuë, en doublant la raison desdits
tremblemens, & en gardant les raisons
doublees entre la longueur des chordes.
Par consequent nous auons la longueur
de seize pieds pour la plus grande, celle

de neuf pour la moyenne, & celle de
quatre pour la plus courte : car celle de
seize pieds fait deux tours tandis que la
moyenne en fait trois, & la plus courte en
fait quatre ; de maniere qu'apres que celle-cy a fait quatre tours ou mouuemens,
elles frappent toutes trois ensemble, car
bien que la premiere & la derniere frappent ensemble à chaque mouuement de
la premiere, & de deux en deux mouuemens de la derniere, neantmoins elles ne
frappent pas ensemble auec la moyenne,
parce qu'il faut que la derniere frappe
quatre coups auant que d'vnir son mouuement auec le troisiesme coup de la
moyenne, lequel s'vnit aussi auec le second coup de la premiere. Or il faut remarquer que ce que Galilee dit que les
tours de ces chordes se ioindront ensemble à chaque quatriesme mouuement de
la plus grande chorde, ne se doit pas entendre en sorte qu'elles ne frappent pas
ensemble à chaque second mouuement
de cette chorde, comme il arriue en effet,
mais seulement qu'elles ne frappent pas
ensemble de mesme costé à leur premiere

periode : car cela n'arriue qu'à la seconde
periode, comme nous auons veu aux
tremblemens de l'octaue & de la quinte,
dans l'Article precedent. Mais ie con-
seille à ceux qui desirent auoir le plaisir
de voir cette rencontre de retours & de
mouuemens, de prendre les trois chordes
susdites, & d'attacher vne balle de mous-
quet à chacune : car apres les auoir esloignees esgalement ou inesgalement de
leur plomb ou de leur ligne perpendiculaire, ils les verront frapper ensemble,
comme i'ay dit. Et s'ils leur donnent des
longueurs qui soient en raison doublee
des trois nombres, qui representent l'o-
ctaue auec la quarte dessous & la quinte
dessus, les chordes ne frapperont ensemble qu'à chaque troisiesme coup de
la plus longue, ou chaque sixiesme coup
de la plus courte, & mesme ne frapperont
pas ensemble de mesme costé qu'apres
chaque sixiesme mouuement de la plus
grande, & à chaque douziesme de la
plus courte : d'où l'on peut conclure
que cette diuision d'octaue n'est pas si
agreable que la precedente, dont la dou-

ceur est à la douceur de celle-cy comme
trois à deux, c'est à dire, sesquialtere.
L'on peut semblablement faire la longueur des chordes en raison doublee des
termes de la quinte diuisee en tierce ma-
jeure & mineure, c'est à dire en raison
doublee de quatre, cinq, six, dont les
mouuemens s'vniront aussi souuent comme ceux de l'octaue qui a la quarte en
bas : ce qui preuue l'esgalité de leur douceur.

Mais si l'on fait des chordes qui representent les tremblemens du ton, & du
demy-ton, elles serõt si long-temps sans
s'vnir que cela sera grandement desplai-
sant ; & si on leur fait representer des
tremblemens incommensurables, en faisant, par exemple, leur longueur en raison doublee du costé du quarré & de
son diametre, ou de telles autres
lignes incommensurables qu'on voudra, iamais elles n'vniront leurs mouuemens.

Si Galilee eust experimenté les vnions
de ces retours des chordes, comme i'ay
fait, il eust apperçeu que la chose n'est pas

guere agreable : car le conp de la moindre qui s'vnit auec le coup de la plus
grande, est si prompt & l'autre si tardif,
que l'on a de la peine d'en remarquer l'v-
nion.

Fin du premier Liure.

LIVRE SECOND.
DES NOVVELLES
PENSEES DE GALILEE.

---

*De la force des colomnes ou cylindres,
suiuans les nouuelles penfees
de Galilee.*

 PRES auoir confideré la force des prifmes & cylindres tirez perpendiculairement de haut en bas, dans le premier Liure, il determine leur force, & leur refiftance, lors qu'on les preffe de trauers. Or bien qu'vn cylindre de fer peuft porter mille liures auant que de rompre, par la traction perpendiculaire, il n'en pourra peut-eftre pas porter cent en trauers, lors qu'il eft feellé, & attaché

horizontalement à vne muraille perpendiculaire à l'Orifon. Il pretend donc de
determiner la force & la refiftance de ces
cylindres, & prifmes, tant femblables
que diffemblables, en figure, longueur &
groffeur, pourueu qu'ils foient de mefme
matiere : & pour ce fujet, il fuppofe ce
qui a efté demonftré du leuier, à fçauoir,
que la force eft à la refiftance en raifon reciproque de celle de la diftance d'auec le
fouftien : & afin que fon traicté ne def-
pende point d'ailleurs, il demonftre ce
qui fuit dans le premier Article : car ie
diuife ce Liure, comme le precedent, en
autant d'Articles, comme il contient de
difficultez. Il faut feulement remarquer,
que tout ce qui eft dans les fix premiers
Articles, fe doit entendre des cylindres,
& des prifmes fellez ou fichez dans des
murailles.

ARTIC.

ARTICLE PREMIER.

Dans lequel le principe le plus simple de toutes les Mechaniques est expliqué.
Deux propositions d'Archimede.

ARchimede ne suppose rien, sinon que lors que deux poids sôt égaux entr'eux, ils sont en equilibre, quand les bras de la balance sont égaux : & puis il demonstre que les poids inesgaux, attachez à des distances inesgales, sont encore en equilibre, quand les distances sont entr'elles en raison reciproque des poids : par exemple, si le bras d'vne balance a 2 pieds de long, & l'autre 4, le poids de 4 liures attaché au bras de deux pieds sera en equilibre auec le poids de 2 liures attaché au bras de 4 pieds : ce qu'il a desia fait voir dans le 4. Chap. de ses anciennes Mechaniques : où parce qu'il s'y est coulé des fautes, nous vserons de la mesme figure qui y est, pour restablir le tout, suiuant le discours de Galilée.

H

Soit donc le cylindre folide E F fuf-

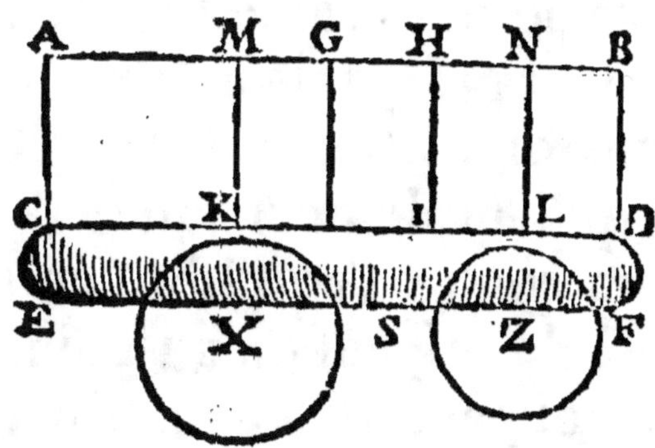

pendu par les extremitez à la ligne A B,
& fouftenu par les deux filets A E, B F, il
eft euident que fi on le fufpend tout entier au poinct G mis au milieu de la balance A B, il demeurera en equilibre,
puis qu'il a la moitié de la pefanteur d'vn
cofté, & l'autre moitié de l'autre cofté.

Pofons maintenant que ce cylindre
foit inegalement diuifé par la ligne I S, &
que la partie I E foit la plus grande, & I F
la moindre, le cylindre ainfi diuifé demeure en mefme fituation à l'efgard de
la ligne A B, moyennant le filet I H, lequel eftant attaché au poinct H, fouftien-
dra les parties du cylindre E I & I F, fans
qu'il fe faffe nul changement du cylindre
E D, ou de la balance A B.

La mefme chofe arriuera encore, fi la
partie du cylindre E I, s'attache au filet

M K posé au milieu, & l'autre partie ne
changera point son assiette, si on luy attache le filet N L par le milieu.

Soient donc ostez les filets A C, H I &
B D, & qu'il ne demeure que MK, & NL,
l'on aura encore l'equilibre en mettant
le poinct de suspension au poinct G, Et
partant nous auons deux corps pesans E
I, & I D suspendus des points MH de la
balance M H, qui est en equilibre par le
moyen du poinct G : de sorte que la distance du poinct de suspension M, de la
partie du cylindre E I, est la ligne G M ;
& G H est la distance de la suspension du
poids I F.

Nous n'auons donc plus maintenant
qu'à demonstrer que ces distances sont
entr'elles, en proportion reciproque des
poids, c'est à dire que la distance M G est
à celle de G H, comme le cylindre I S est
au cylindre I E : ce que ie demonstre
ainsi.

Puis que la ligne MH est la moitié de
la ligne H A, & H N moitié de F I, la ligne entiere M N sera la moitié de toute
la balance A B, & partant elle sera esgale
à G B : & en ostant la partie commune

H ij

G N, M G qui restera, sera esgale à N B
qui restera, c'est à dire à H N : & G N
estant commune, M H & G N seront esgales : par conséquent, comme M H à N
H, ainsi H G à G M. Mais comme M N à
H N, de mesme, la double à la double,
c'est à dire A H à H B, ou comme le cylindre E I au poids I F. Donc, par la proportion esgale, en changeant, comme la
distance G M à G H, de mesme le poids
I F au poids I S ; ce qu'il falloit prouuer.

Cela posé, il est euident que les deux
cylindres E I & I F, ou les deux globes
X & Z, ausquels l'on peut supposer qu'ils
sont reduits, seront tousiours en equilibre au poinct G, car la figure ne change
point le poids, pourueu que l'on vse tousiours de mesme matiere. Cecy posé, l'on
peut parler de la force & de la resistáce,&
du mouuement & de la figure par abstraction de la matiere, ou coniointement
auec la matiere : l'vn & l'autre est expliqué dans le second article.

ARTICLE II.

Dans lequel la raison du leuier tant abstruct que materiel est expliquee.

APRES auoir demonstré que deux pesanteurs font l'equilibre, lors que leur esloignement du centre de la balance sont en raison reciproque desdites pesanteurs, il faut se souuenir de ce qui a esté demonstré dans le cinquiesme Chapitre des Mechaniques, à sçauoir que le leuier H C estant mis sur le sou-

stien E, pour leuer le fardeau A, a mesme raison à ce fardeau, lors qu'on fait abstraction de la matiere dudit leuier, & qu'on le considere comme vne ligne Mathematique, que la force H suffit pour esgaler la resiſtance du poids A , lors que H a meſme raiſon au fardeau A , que la diſtance C E à la diſtance E H.

Mais quand on conſidere la peſanteur du leuier, il eſt certain que la raiſon change, parce qu'il en reſulte vne force compoſee de la force H iointe à la peſanteur du leuier C D. Or il faut remarquer que ie me ſers de la diction, *force* ou *puiſſance*, au lieu du *moment* de Galilee , parce que nous n'auons point d'autre diction.

Soit donc le fardeau à leuer C A B, par exemple vne pierre de taille, dont le centre de grauité ſoit A , appuyé ſur la ligne horizontale C B, iuſques à ſon extremité B ; & que de l'autre coſté, cette pierre ſoit ſouſtenuë par le leuier H C ſur le ſouſtien E, par vne puiſſance miſe en H : & que du centre A, & du poinct C l'on tire les deux perpendiculaires à l'Orizon, à ſçauoir A G & C F.

PREMIERE PROPOSITION.

IE dis que la reſiſtance du poids entier de la pierre, eſt à la puiſſance H , en raiſon compoſee de la diſtance H E à la diſtance E C, &

de celle de C B à C G, (lequel G est trop bas,
car il le faut imaginer en mesme ligne
droite auec C & B.) Faisons comme la
ligne C B à B G, ainsi E C à D, tout le
poids A estant soustenu des deux puissances mises en B & en C, la puissance de
B à celle de C, est comme C G à G B, &
en composant, les deux puissances B C
prises ensemble, sont comme C B, ou F B
à G B, ou comme E C à D. Or la puissance de C est à celle de H, comme la distance H E à E C, donc en changeant toute
la pesanteur de la pierre A est à la puissance H, comme H E à D : Or la raison de H
E à D est composee de celle de H E à E C,
& de celle de E C à D, c'est à dire de celle
de F B ou C B à B G, ce qu'il falloit demonstrer.

ARTICLE III.

*Quelle est la force des soliueaux paralleles à
l'Orison, & quelle longueur ils doiuent
auoir pour se rompre eux-mesmes.*

IL est certain qu'vn soliueau, vne pou-
tre, vne colomne ou autre piece de

bois, ou de telle matiere qu'on voudra,
ont bien de la force pour resister à la rupture, lors qu'on les selle dans quelque
muraille, & que l'on pese dessus pour les
rompre ; or la figure B C F seruira pour

trouuer la force necessaire pour rompre
toute sorte de corps. Soit donc le soliueau, ou le prisme B D attaché à la muraille au poinct B : & que le poids E soit
attaché à l'extremité D. Or il faut supposer la force qui romproit ce soliueau en
le tirant perpendiculairement de haut en

bas, ou bien horizontalement de B en C, car l'vn reuiét à l'autre. Soit par exemple cette force de trois cens soixante degrez, ou le poids de trois cens soixante liures, ie dis premierement que ce prisme, tiré & forcé par le poids E au poinct D, se rompra contre la muraille au poinct B, car cette piece de bois B C doit estre comme vn leuier, qui a son soustien au poinct B. Cecy posé, ie dis que.

II. PROPOSITION.

La force appliquee en D est à la resistence de l'espesseur du soliueau, ou à l'attachement de la base B A, comme la longueur D B à la moitié de l'espesseur A B; & par consequent la resistence absoluë de ce soliueau, (c'est à dire sa resistence à estre rompu par vne traction perpendiculaire) est à sa resistence qu'il a consideree de trauers, par le moyen du leuier D B, comme la longueur D B à la moitié de l'espesseur B A.

Mais il faut supposer que la pesanteur du prisme, ou du cylindre

n'eſt point icy conſiderée : car ſi on la
conſideroit, il faudroit ioindre la moitié
de la peſanteur B D au poids E. Or
il faut auoir recours à la figure de la
propoſition precedente, laquelle ſeruira encore à la quatrieſme propoſition.
Où il faut remarquer que cette figure
enſeigne la maniere de trouuer ſans
experience la force, ou la reſiſtance de
toutes ſortes de colomnes, ou de priſmes, lors qu'ils ſont tirez perpendiculairement de haut en bas, comme ie diray
à la fin de ce Liure. Car ie reuiens maintenant à noſtre ſujet, & dis que par
exemple, ſi ce ſoliueau peſe deux liures,
& le poids E dix liures, E vaudroit vnze
liures, d'autant que ſi le ſoliueau eſtoit
pendu au poinct D, il peſeroit ſes deux
liures : mais parce que ſa peſanteur eſt
eſgalement diſtribuée par toute la longueur B D, les parties proches de B peſent moins que les plus eſloignees, de
maniere que toutes les parties de ce ſoliueau ſe reduiſent à peſer ſeulement autant, que s'il eſtoit attaché au mitan du
leuier B D ; or le poids attaché au poinct
C a deux fois plus de force qu'au mitan

de B D, & partant il faut feulement adioufter la moitié de la pefanteur de ce foliueau, ou d'vn cylindre donné, au poids
E : par confequent E ioint à la pefanteur
B D, a la mefme puiffance au poinct D,
qu'auroit vn double poids auec toute la
pefanteur de ce foliueau, s'il eftoit appliqué au mitan dudit foliueau.

Il rapporte la refiftence d'vne regle à
ce prifme, laquelle il faut auffi s'imaginer
eftre arreftée fermement par vn bout,
comme lors qu'elle eft attachee à vne
muraille : & parce qu'elle eft ordinairement plus large qu'efpeffe, il conclud ce
qui fuit dans la troifiefme propofition,
à fçauoir

III. PROPOSITION.

*Qu'il faut vne force ou pesanteur d'autant
plus grande pour la rompre par son espesseur,
que par sa largeur, que cette largeur est plus
grande que ladite espesseur.*

IL faut icy supposer que le poids soit attaché à l'extremité de la regle, comme
à celle du soliueau precedent. Or cette
plus grande resistence procede de la plus
grande multitude des fibres, ou des autres causes qui resistent : par exemple,
soient les deux regles suiuantes de mes-

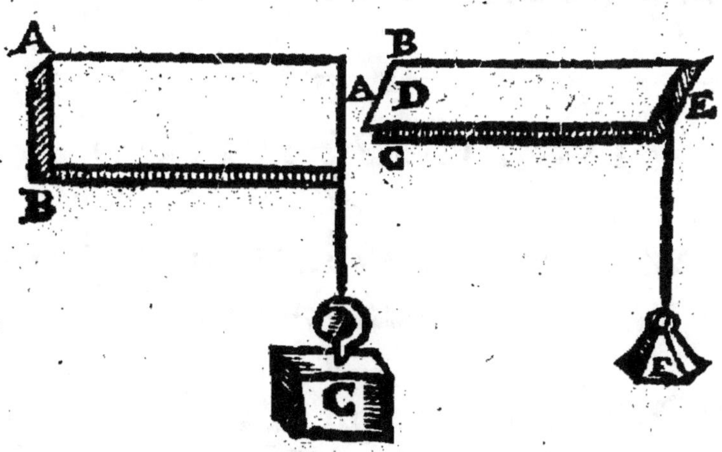

me longueur, largeur, espesseur, & ma-

tiere, & que la force C ſoit tellement appliquee à la premiere regle A B, qu'elle
preſſe ſur ſon eſpeſſeur, le poids C doit
eſtre d'autant plus grand pour la rompre
de ce ſens, que le poids F, qui la rompt
en preſſant ſur ſa largeur, comme l'on
voit à la ſeconde regle C E, que la largeur A B eſt plus grande que l'eſpeſſeur :
par exemple, ſi vne regle eſt dix fois
auſſi large qu'eſpeſſe, il faudra dix fois
autant de force ou de peſanteur pour la
rompre par ſon eſpeſſeur que par ſa longueur.

Il adiouſte en ſuite la comparaiſon de la
reſiſtence & de la peſanteur des priſmes
& des cylindres, & dit que leur peſanteur
comparee à leur reſiſtence

IV. PROPOSITION.

*S'augmente en raiſon doublee de celle de
leurs allongemens.*

Comme l'on voit au priſme, ou ſoliueau precedent B D, allongé iuſques en F G, par l'addition de la partie

C G. Or il eſt euident que le leuier C B

croiſt iuſques à G, & que la puiſſance qui
preſſe, & qui agit contre ſa reſiſtence,
pour le rompre en G, croiſt ſuiuant la
proportion de B G à B C. Et puis il faut
ioindre la peſanteur C F à celle de C B,
laquelle croiſt en meſme raiſon que G B
à B C, qui eſt la meſme raiſon des longueurs ; d'où il eſt conſtant que ces deux
augmentations de la longueur & de la
peſanteur, eſtant adiouſtees, compoſent
vne raiſon des deux, laquelle eſt en raiſon

doublee de chacune d'icelles ; de sorte qu'il faut conclure

V. PROPOSITION.

Que la force des prismes & des cylindres esgaux en grosseur, & inesgaux en longueur, sont entr'eux en raison doublee de leurs longueurs ; c'est à dire qu'ils sont comme les quarrez de leurs longueurs.

ARTICLE IV.

De la resistance des prismes & cylindres, tant esgaux en longueur & inesgaux en grosseur, qu'esgaux en grosseur, & inesgaux en longueur : & si une chorde se rompt plus aisément quand elle est plus longue.

L'Autheur determine premierement la force des cylindres d'esgale longueur & d'inesgale grosseur par la proposition qui suit.

VI. PROPOSITION.

Lors que les cylindres ou les prismes esgaux en longueur different en grosseur, leur resistance est en raison triplee des diametres de leurs grosseurs, ou de leurs bases.

CE qu'il prouue apres auoir considéré la resistance absoluë perpendiculaire, qui reside en leurs bases, car plus la base est grande, & plus elle resiste à la force qui la violente, parce qu'elle a dautant plus de fibres, ou de filaments, ou de colle naturelle, qui lie les parties du solide.

Mais si outre cela nous considerons la resistance du cylindre mis de trauers, entant qu'il sert de leuier, nous auons dans ces figures les leuiers D G & F H, dont les soustiens sont aux points D & F, & de l'autre costé où sont les resistances l'on a les diametres des bases ou des cercles, H K, & I G. Où il faut considerer tous les fila-ments

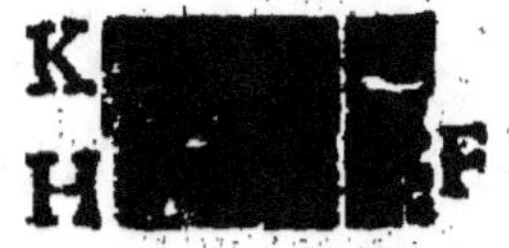

ments ou fibres de ces bafes, comme s'ils
eftoient reduits aux centres defdites bafes. Cecy pofé, l'on trouuera que la refiftance de la bafe H K contre la force F,
eft d'autant plus grande que celle de la
bafe G I contre la force D, (lefquelles
forces font efgales à caufe de leurs leuiers efgaux) que la moitié du diametre
K H eft plus grande que la moitié du diametre G I.

C'eft pourquoy la refiftance du cylindre F K furpaffe celle du cylindre D G,
felon l'vne & l'autre raifon des cercles H
K, & G I, & de leurs demidiametres, ou
de leurs diametres : Or la raifon des cercles H K & G I, eft doublee de celle de
leurs diametres, donc la raifon compofee des deux precedentes, eft triplee de
celle difdits diametres, donc les refiftances des cylindres font entr'elles comme
leurs cubes font à leurs diametres.

D'où il conclud que les refiftances de
ces cylindres font en raifon fefquialtere
de celle des mefmes cylindres, puis que
les cylindres de mefme hauteur font entr'eux comme leurs bafes, c'eft à dire en
raifon doublee de leurs diametres, & que

la resistance est en raison triplee des mesmes diametres ; de sorte que suiuant la
maniere de parler de Galilee, la raison
de la resistance est sesquialtere de celle
des solides,& en suite de leurs pesateurs.
Voyez ce que i'ay dit dans le premier
Liure,article dix-huictiesme pour l'explication de ce langage.

Apres tout cecy, il prouue que la chorde A B attachee en haut au poinct A, ne
se doit pas plustost rompre
au poinct E, que dans vn
autre tel qu'on voudra, car
si l'on dit que le poids C
ioint au poids de la chorde
B E, le rompt en E, il respond que si le poids C est
attaché proche d'E, par
exemple au poinct F, ou
que la chorde soit attachee
au poinct E, le poinct F sen-
tira ou portera le mesme
poids C, pourueu que l'on
y adiouste la pesanteur de
la chorde B E: & partant

VII. PROPOSITION.

*La chorde se rompt par vne esgale force, quel-
que longueur qu'elle puisse auoir.*

OR apres qu'il a consideré les prismes differens en longueur, ou en
grosseur, il vient à ceux qui different en
ces deux dimensions, & forme proposition suiuante en leur faueur.

VIII. PROPOSITION.

*Les resistances des prismes & des cylindres
inesgaux en grosseur & longueur sont en
raison composee de celle des cubes à leurs
diametres, & de celle de leurs longueurs
prise à rebours.*

CE qu'il demonstre ainsi; que le cylindre EG soit esgal en longueur

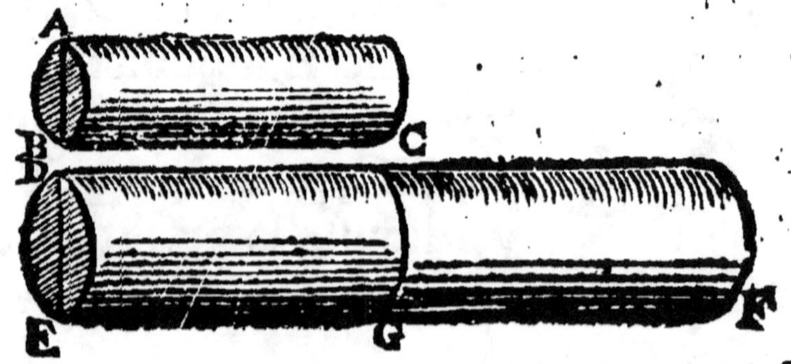

au cylindre BC, & que la ligne H soit
I ij

moyenne proportionnelle entre A B, &
D E, qu'I soit la quatriesme proportionnelle, & puis
que I soit à S,
comme E F est
à B C. Et parce
que la resistáce
du cylindre C A est à celle de D G, côme
le cube A B au cube D E, ou comme la
ligne A B à I, & que la resistance du cylindre D G est à celle de D F, comme la
longueur F E à G E, ou comme I à S, donc
comme la resistance d'A C à celle de D F,
ainsi la ligne A B à S, mais A B est à S en
raison côposee d'A B à I, & d'I à S, donc
la resistance d'A C à la resistance de D F,
est en raison composee de la raison d'A B
à I, ou du cube d'A B à celuy de D E, &
de la raison d'I à S, ou de la longueur d'E
F à celle de B C; ce qu'il falloit prouuer.

Cecy posé, il considere encore deux
cylindres, ou prismes semblables, en faueur desquels il donne cette proposition
suiuante, à laquelle nous ferons seruir la
mesme figure.

IX. PROPOSITION.

Les forces des cylindres semblables composées de leurs pesanteurs, & de leurs longueurs comparees à des leuiers, sont entr'elles en raison sesquialtere de celle des resistances de leurs bases.

SOIENT les cylindres semblables E F & C A, ie dis que la force qu'a le cylindre E F pour vaincre la resistance de sa

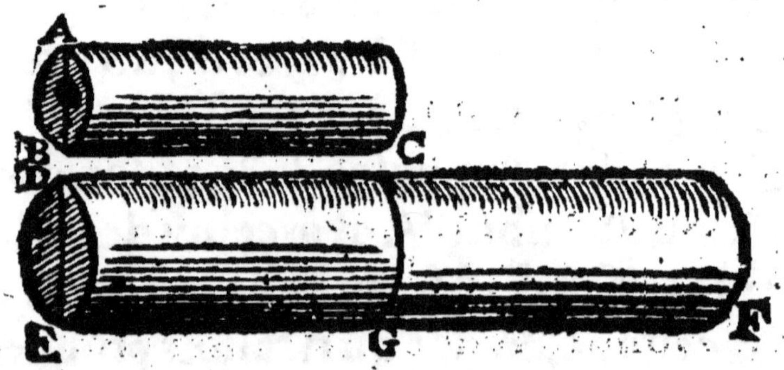

base D E, est à la force qu'a ce cylindre B C pour rompre sa base B A, en raison sesquialtere de la resistance de la base D E à la resistance de la base B A : & parce que les forces des solides D F & C A, à l'esgard de la resistance de leurs bases B A, & D E, sont composees de leurs pesan-

I iij

teurs, & de la force de leurs leulers, &
que la force du leuier D F eſt eſgale à celle du leuier C A, & que la longueur E F a
meſme raiſon au demidiametre de la baſe D E, que la longueur B C au demidiametre de la baſe B A, il s'enſuit que la
force entiere du cylindre D F, eſt à celle
de B C, comme la ſeule peſanteur E F, à
la ſeule peſanteur B C, ou comme le cylindre D F au cylindre A C. Or ils ſont
en raiſon triplee des diametres de leurs
baſes A B & D E ; & les reſiſtances deſdi-
tes baſes ſont entr'elles, comme les meſmes baſes, qui ſont en raiſon doublee de
leurs diametres, dõc les forces des cylindres ſont en raiſon ſeſquialtere de la reſiſtance de leurs baſes ; de ſorte que les
reſiſtáces des ſolides ſemblables ne ſont
pas ſemblables : c'eſt pourquoy les plus
grands ſolides reſiſtent moins aux acci-
dens exterieurs ; par exemple, vn grand
homme ſe bleſſe plus fort en tombant,
que ne font les enfans, & vne grande colomne tombant de bien haut ſe briſe, ce
qui n'arriue pas à vne fort petite colomne. De là vient qu'entre vne infinité de
ſolides ſemblables l'on n'en trouue point

deux qui ne ſoient differens en leur reſiſtance : comme l'on verra encore plus
clairement dans l'article ſuiuant.

REMARQVE.

I'ay expliqué dãs le dix-huiċtieſme article du premier Liure, cóme quoy reſte
la raiſon ſeſquialtere apres que l'on a oſté
la raiſon doublee de la triplee; & comme
la raiſon doublee eſt double, & la triplee
eſt triple; afin que cette maniere de parler ne trouble perſonne.

ARTICLE V.

Qu'il n'y a qu'vn ſeul cylindre entre vne in-
finité de ſemblables, qui puiſſe eſtre d'vne
meſme grandeur, ſans ſe rompre de ſoy-
meſme.

IAmais cette difficulté n'auoit eſté pro-
poſee par aucun que ie ſcache, c'eſt
pourquoy elle merite vne propoſition
particuliere.

I iiij

X. PROPOSITION.

Entre les cylindres, & les prifmes femblables en pefanteur, il n'y en a qu'vn feul & vnique, qui fe reduife à l'eftat de ne pouuoir plus fubfifter fans fe rompre, de forte que tout autre tant foit peu plus grand fe rompra par fon propre poids, & que tout autre plus petit pourra encore refifter à quelque force.

SO i t le prifme A B reduit à l'extremité de fa longueur, de forte que le moindre allongement le faffe rompre, ie dis qu'il eft le feul & l'vnique, entre vne infinité de femblables, qui puiffe eftre reduit à cette extremité ; parce que tout autre femblable plus grand fe rompra par fon propre poids, & tout autre femblable plus petit refiftera encore à quelque force, outre fa propre pefanteur. Soit donc prémierement le prifme C E, plus grand que B A, ie dis que C E ne peut fubfifter fans fe rompre par fa propre pefanteur. Pofons que la partie D eft efgale à B A.

Et parce que la resistance de C D à celle
de B A,
est com-
me le cu-
be de la
grosseur
de C D
au cube

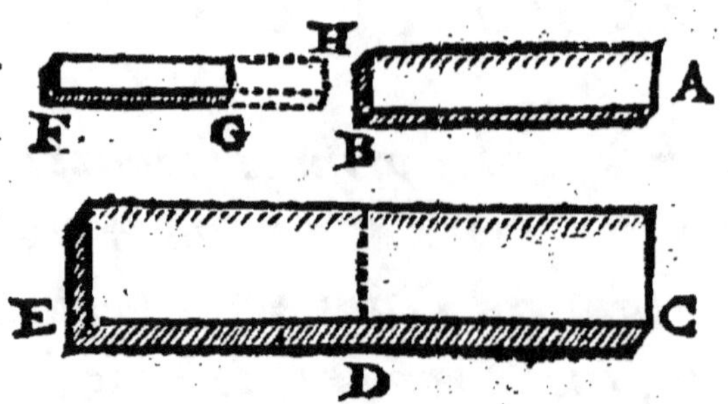

de la grosseur d'A B, ou comme le prisme C E au mesme prisme A B, qui sont
semblables, il s'ensuit que la pesanteur
de C E est la plus grande qui puisse estre
soustenuë par la longueur du prisme C D;
or la longueur C E est plus grande, donc
le prisme C E se rompra.

Soit en second lieu, F G le moindre
prisme, l'on demonstre aussi (supposé
que F H soit esgal à B A) que la resistance de F G est à celle d'A B, comme le
prisme F G au prisme A B, quand la distance A B, c'est à dire F G, est esgale à F
G; Or elle est plus grande, donc la force
du prisme F G mise en G n'est pas assez
grande pour rompre le prisme F G.

D'où il faut conclurre que l'on ne doit
pas garder la similitude entre les solides,
pour reduire tant de corps que l'on vou-

dra, au mesme estat de resistance, mais la
proposition qui suit monstre comme l'on
y doit proceder.

XI. PROPOSITION.

*Vn cylindre ou prisme estant donné de la plus
grande longueur qu'il puisse auoir sans se
rompre par sa propre pesanteur ; & vne
plus grande longueur estant donnee, trouuer la grosseur d'vn autre cylindre, ou prisme, qui soit le seul, & vnique plus grand
sous cette longueur donnee, qui puisse resister à sa propre pesanteur.*

Il faut encore supposer la figure des
cylindres qui sont dans la 9. proposition,
laquelle on peut remettre à la marge du
Liure ; mais afin d'oster ce labeur, l'on
trouuera vne fueille au commencement
du Liure, qui se desployra & contiendra les figures qui se doiuent repeter.

QVE B C soit le plus grand cylindre pour resister à sa pesanteur, &
que F E soit la plus grande longueur donnee, il faut trouuer quelle grosseur doit

eſtre iointe à la longueur D E, pour eſtre
reduite à l'extremité de ſa reſiſtance,
comme eſt B C. Que I ſoit troiſieſme
proportionnelle de DE & A C, & comme DE eſt à I, ainſi le diametre D F au diametre B
A; & ſoit le cylindre F E, ie
dis qu'il eſt l'vnique entre
tous ſes ſemblables, qui puiſſe reſiſter à
ſa peſanteur.

Que M ſoit la troiſieſme proportionnelle à D E, & I, & que O ſoit la quatrieſme proportionnelle, & que F G ſoit égale
à C A. Et parce que le diametre F D eſt
au diametre A B, comme la ligne DE à I,
& que O eſt la quatrieſme proportionnelle, le cube de F D ſera au cube de B A,
comme DE à O : mais comme le cube de
F D à celuy de B A, ainſi la reſiſtance du
cylindre D G à celle de B C, donc la reſiſtance du cylindre D G à celle de B C,
eſt comme la ligne D E à O. Et parce que
la force du cylindre B C eſt eſgale à ſa reſiſtance, ſi ie monſtre que la force du cylindre E F eſt à celle du cylindre B C,
comme la reſiſtance de D F à celle de B
A, ou comme le cube de F D à celuy de

B A, ou comme la ligne D E à O, i'auray
ce que ie demande, c'eſt à dire que la force du cylindre F E ſera eſgale à la reſiſtance de F D.

La force du cylindre F E eſt à celle du
cylindre D G, comme le quarré de D E à
celuy de C A, c'eſt à dire comme la ligne
E D à I, mais la force du cylindre D G,
eſt à celle du cylindre B C, comme le
quarré de D F au quarré de B A, ou comme celuy de D E à celuy d'I, ou comme
celuy d'I à celuy de M, c'eſt à dire comme I à O, donc par l'eſgalité de raiſon,
comme la force du cylindre F E à celle
du cylindre B C, de meſme la ligne D E à
O, ou comme le cube de D F à celuy de
B A, ou comme la reſiſtance de la baſe
D F à celle de la baſe B A, qui eſt ce que
l'on cherchoit.

Autre demonſtration de la meſme pro-
poſition.

SOIT le cylindre H I, dont la baſe eſt
G H, le plus grand qui puiſſe ſouſte-
nir ſon propre poids auant que de ſe

rompre, l'on en trouuera vn autre plus

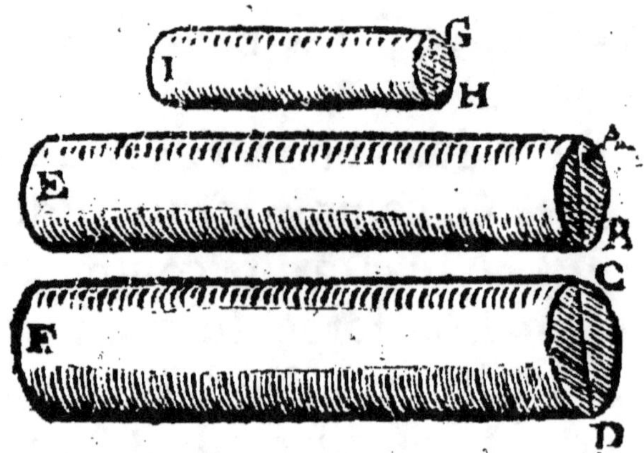

long qui aura la mesme proprieté en cette façon. Soit donc, par exemple, la
longueur donnee E B, & que le diametre de la base soit A B, si l'on fait C D troisiesme proportionnelle à G H & A B, laquelle serue de diametre au cylindre F D,
de mesme longueur que B E, le cylindre
F D sera celuy que nous cherchons. Et
parce que la resistance G H est à celle de
B A, comme le quarré de G H au quarré
de B A, ou comme celuy de B A à celuy
de C D, ou comme le cylindre B E au cylindre D, ou comme la force d'A E a celle de F D. Et que la resistance B E est à
celle de D F, comme le cube de B A au
cube de C D, ou comme la force G I, à
celle de B E, il s'ensuit par la proportion

inuerſe, que la force G I eſt à celle de C F, comme la reſiſtance de G I à celle de F D, donc le cylindre, ou le priſme F D a meſme raiſon à ſa reſiſtance ou peſanteur, que G I à la ſienne. Mais l'article qui ſuit fait encore la propoſition plus generale.

ARTICLE VI.
XII. PROPOSITION.

Le cylindre A C eſtant donné de telle force, ou reſiſtance, que l'on voudra, & la lon-gueur, D E priſe telle qu'on voudra, trou-uer la groſſeur du cylindre de ceſte lögueur, D E, lequel ait meſme raiſon à ſa reſiſtan-ce, qu'a la force du cylindre A C à la ſienne.

Il faut encore ſuppoſer la figure des cylindres qui ſont dans la 9. propoſition, laquelle on peut remettre à la marge du Liure ; mais afin d'oſter ce labeur, l'on trouuera vne fueille au commencement du Liure, qui ſe deployra & contiendra les figures qui ſe doiuent repeter.

PVISQVE la force du cylindre F E a meſme raiſon à celle de la partie D G, que le quarré E D au quarré F G, comme l'on voit dans la dixiefme propofition, & que la force du cylindre F G eft à celle du cylindre A C comme le quarré de F D à celuy de A B, la force du cylindre FE a mefme raifon au cylindre A C que le cube de F D au cube d'A B, ou que la refiftance de la bafe F D à celle d'A B; ce qui fe deuoit faire. D'où il conclud, que l'on ne peut faire des nauires, des palais, des temples, des rames, des violes, des chaifnes de fer, ou autre artifice d'vne grandeur femblable iufques à vne grandeur propofee ; & que les arbres, les hommes, & les autres animaux, ne peuuent arriuer à vne grandeur immenfe, quoy que proportionnee à l'ordinaire, fans fe corrompre d'eux-mefmes par leurs propres maffes, & pefanteurs : ce qu'il fait voir par vn os qui eft feulement en raifon triplee d'vn autre : de forte qu'vn geant ne peut faire les fonctions d'vn homme, ny fubfifter, fi fes os eftant proportionnez ne font d'vne matiere beaucoup plus dure, & plus refiftante. Au contrire, l'on voit que la force ne fe diminuë pas en mefme proportion que les corps fe diminuent, mais qu'elle s'augmente : de là vient

qu'vn petit chien en peut porter deux
autres, quoy qu'vn cheual euſt de la peine à porter vn ſeul cheual de ſa grandeur.

Quant aux baleines, & autres gros
poiſſons, la nature a pourueu que leurs
os & leur chair ne fuſſent pas ſi peſans
que ceux des animaux terreſtres, & puis
ils ne s'appuyent pas ſur leurs membres
comme font ceux-cy. Mais ie laiſſe cette conſideration pour venir à vne autre
excellente propoſition.

XIII. PROPOSITION.

Vn priſme ou cylindre eſtant donné auec ſa
peſanteur, & auec le plus grand poids qu'il
puiſſe porter, trouuer la plus grande lon-
gueur qu'il puiſſe auoir, ſans ſe rompre par
ſa propre peſanteur.

SOit donné le priſme A C auec ſa peſanteur, & ſemblablement D pour le
plus grand poids que ce priſme puiſſe
porter attaché au poinct C, il faut trouuer la plus grande longueur que le ſuſdit
priſme puiſſe auoir ayant que de rompre,

faiſons

faiſons que comme la peſanteur du priſ-

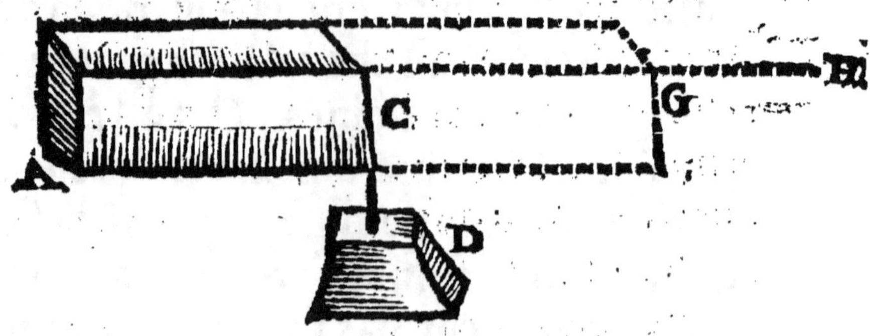

me A C compoſee de ſa peſanteur, &
deux fois autant de peſanteur qu'a le
poids D, ainſi la longueur C A à celle de
H A, entre leſquelles ſoit A G moyenne
proportionnelle, laquelle donne la longueur cherchee du priſme ; parce que la
force du poids D en C eſt eſgale à la force d'vn double poids attaché au milieu
d'A C, lequel eſt le centre de peſanteur
du priſme A C, donc la force de la reſiſtance du priſme A C attaché au poinct
A, eſt eſgalé à la double peſanteur du
poids D iointe à la peſanteur d'A C, lors
que le poids double de D eſt attaché au
milieu d'A C : & parce que comme ce
poids ainſi ſitué, c'eſt à dire comme le
double du poids D auec la peſanteur d'A
C eſt à la peſanteur A C, ainſi H A à C A,
entre leſquelles A G eſt moyenne propor-

K

tionnelle, il s'enſuit que le poids double
de D ioint à la peſanteur A C eſt à la peſanteur H C, comme le quarré de G A à
celle d'A C : mais la force preſſante du
priſme G A eſt à celle d'A C, comme le
quarré G A au quarré A C, donc A G eſt
la plus grande longueur que l'on puiſſe
donner au priſme A C, ce qu'il falloit
trouuer.

ARTICLE VII.

*De la force des cylindres, lors qu'ils ne ſont
plus attachez à vn mur, comme les precedens , mais qu'ils portent ſeulement ſur
quelque appuy dans vn poinct pris au milieu, ou entre leurs extremitez.*

APres auoir conſideré la force des
priſmes & cylindres attachez par
vn ſeul bout, afin d'appliquer le poids à
l'autre bout, il faut voir quelle eſt leur
force, ou reſiſtance lors qu'ils ſont ſou-
ſtenus par leurs deux bouts, ou ſeulement par quelque poinct pris entre leurs
extremitez.

XIV. PROPOSITION.

Ie dy donc premierement que le cylindre pesant
sur soy-mesme sera reduit à sa plus grande
longueur qu'il puisse auoir auant que de se
rompre, soit qu'on l'appuye par ses deux
extremitez, ou seulement droit au milieu,
lors qu'il sera deux fois aussi long que celuy
qui est seellé dans vn mur, ou autrement
attaché par l'vne de ses extremitez.

COMME l'on voit en cette figure, car
BAC represente vn cylindre rompu au poinct A, ne pouuant se soustenir

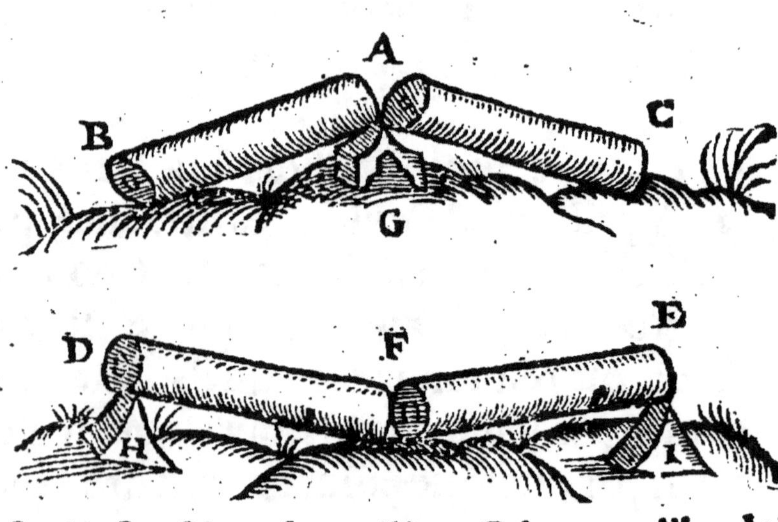

sur le soustien du milieu G lors qu'il a la

longueur B C. Or ce fouftien reprefente
le mur, auquel on l'attacheroit, il fou-
ftiét BC & D E de mefme que s'ils euffent
efté attachez fur l'appuy G. La mefme
chofe arriue au cylindre D E appuyé par
les deux extremitez fur les appuis D H &
E I, car fi toft que fa moitié D F fera fi
longue qu'elle ne pourra fubfifter fichee
dans vn mur, au autrement, attachee au
bout D, elle fe rompra au milieu. Ce qui
fert pour fçauoir la force des bancs, des
tables, des barres, des poutres, & foli-
ueaux, & de tout ce qui s'appuyé fur les
deux extremitez.

Mais la queftion que touche Ariftote
en vn fens, eft plus difficile, la prenant
vniuerfellement, à fçauoir quelle force
peut rompre vn bafton ou cylindre que
l'on prend par les deux extremitez auec
les deux mains, en l'appuyant fur le genoüil, car la queftion eft reduite au leuier, lorfque les deux mains font efgalement efloignees du mitan, foit qu'elles
en foient peu ou beaucoup efloignees;
mais lors qu'elles en font inefgalement
efloignees, il ne faut pas s'imaginer que
la rupture foit auffi aifee que lors que

leur esloignement est esgal. Comme l'on

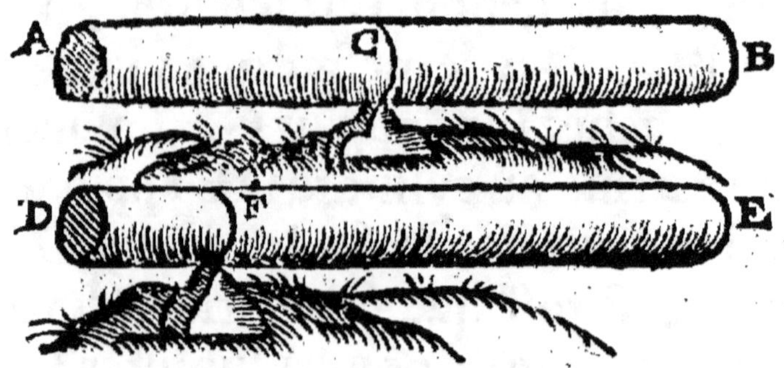

voit au cylindre A B qui se rompt par le
milieu au poinct C : mais si le genoüil ou
l'appuy du mesme cylindre marqué par
D E est au poinct F, il faut beaucoup plus
de force pour le rompre ; car les forces A
& B sont departies esgalement, mais la
distance D F diminuant, la force mise en
D est moindre que lors qu'elle est en A,
suiuant la raison de la ligne D F à C A, &
partant elle doit estre augmentee pour
estre esgale à la resistance F, ou pour la
surpasser. Mais la distance D F se peut
diminuer à l'infiny à l'esgard de celle d'A
C, donc la force qui doit estre mise en D
pour estre esgale à la resistance F peut
croistre à l'infiny. Au contraire plus F E
deuient plus grand que C B, & plus la
force E esgale à la resistance F doit estre
diminuee : Or cette distance F E compa-

rce à la distance CD ne peut croistre à
l'infiny, quoy qu'on approche tant qu'on
voudra F vers D, car elle ne peut estre
deux fois plus grande, partant la force
mise en E pour esgaler la resistance F sera
tousiours plus de la moitié de la force mise en B : D'où il est aisé de conclure qu'il
faut tousiours augmenter à l'infiny la force coniointe consideree en E & D, à proportion que F s'approche de D. Or la
proposition qui suit monstre combien il
faut plus de force pour rompre ces cylindres, suiuant le poinct different pris entre leurs extremitez, auquel l'appuy est
appliqué.

ARTICLE VIII.

De la force necessaire pour rompre vn baston sur le genoüil, en le prenant par les deux extremitez auec les deux mains, & en mettant le genoüil en tel lieu qu'on voudra pris entre lesdites extremitez.

XV. PROPOSITION.

Ayant marqué deux points entre les extremitez d'vn cylindre, par lesquels sa rupture se doit faire, les resistances de ses points seront entr'elles comme les rectangles faits des distances desdits points prises contrairement.

QVA B soient les moindres forces pour rompre le cylindre au poinct C, & E F soient les moindres pour le rompre au poinct C, ie dis que la force A B a mesme raison à celle d'E F, que le rectangle A D B au rectangle A C B, parce que la force A B est à la force E F en raison

K iiij

composee de la force A B à celle de B à

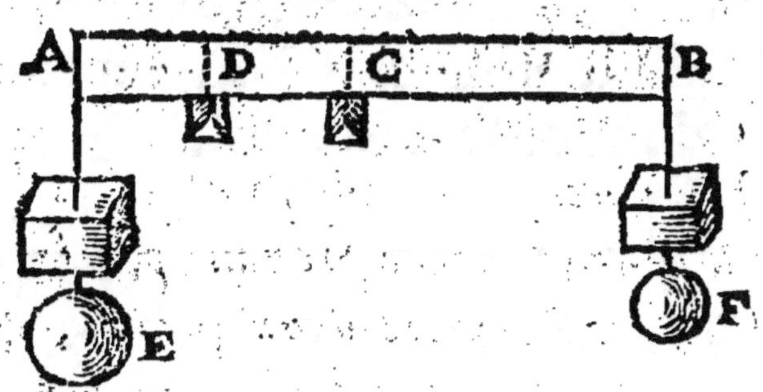

F, & de celle de F à F E ; mais comme la
force A B à celle de B, ainsi la longueur
B A à A C, & comme la force B à F, ainsi
la ligne D B à B C, & comme la force F à
F E, ainsi la ligne D A à A B, donc la force A B à la force E F est en raison composee des trois susdites, à sçauoir de la ligne B A à A C, de D B à B C, & de D A à
A B. Mais des deux D A à A B, & d'A B
à A C, se compose la raison de D A à AC,
donc la force A B à celle d'E F est en proportion composee de celle de D A à A C,
& de celle de D B à B C. Or le rectangle
A D B à celuy d'A C B est en proportion
composee de la mesme D A à A C, & de
D B à B C, donc la force A B à E F mesme raison que le rectangle A D B à celuy
d'A C B : c'est à dire que la resistance que
le cylindre a pour estre rompu en C, est à

celle qu'il a pour estre rompu en D, comme le rectangle A D B à celuy d'A C B,
ce qu'il falloit prouuer. D'où depend la
solution du Probleme qui suit.

XVI. PROPOSITION.

Le poids estant donné pour rompre vn cylin-
dre, ou vn prisme droit au milieu, où sa re-
sistance est la moindre de toutes, vn autre
plus grand poids estant donné, trouuer le
poinct du cylindre, où ce plus grand poids
fasse le mesme effet que le precedent.

QVE ce plus grand poids soit au premier comme la ligne E à F, il faut
trouuer vn poinct dans le cylindre auquel le poids soit soustenu comme le
plus grand : soit prise la mesme proportionnelle G entre E F, & que A D soit
à S comme E à G, S sera moindre qu'AD.
Soit A D le diametre du cercle A H D,
dans lequel soit appliquee A H esgale à
S, & iointe H D, à laquelle soit faite esgale D R, ie dis que le poinct R est celuy
que nous cherchions, auquel le second

plus grand poids fera le meſme effet que

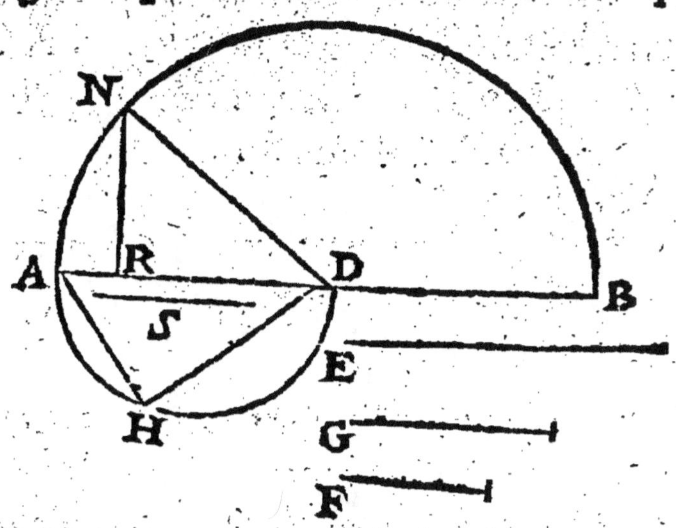

le premier D mis au milieu. Soit fait le
diametre ſur A D moitié d'A B, & ſoit
tiree la perpendiculaire R N, & iointe N
D. Et parce que les deux quarrez N R,
R D ſont eſgaux à celuy de N D, ou A D,
c'eſt à dire aux deux quarrez A H, H D, &
H D eſt eſgal au quarré D R, il s'enſuit
que le quarré N R, ou le rectangle A R B
fera eſgal au quarré A H, c'eſt à dire au
quarré S. Or le quarré S eſt à celuy d'A
D, comme F à E, ou comme le plus grand
poids en D au ſecond plus grand poids,
donc ce ſecond poids fera en R ce que le
premier grand foiſoit en D, qui eſt ce que
nous cherchions.

 Il reſte ſeulement à trouuer la figure

Cette fueille contient les figures qui n'ont peu se repeter, ou qui ont esté oubliees dans les
Propositions : pour lesquelles elle seruira en l'ouurans & en la desployant.
I. Pour la 139. page & les suiuantes, & pour la 143.
II. Pour la page 155.
III. Pour la page 216. & les suiuantes,
IV. Pour la page 206. &c.
V. Pour la page 240. 243. &c.

que doit auoir vn solide pour resister esgalement en toutes ses parties, de sorte
qu'il rompe aussi aisément par vn mesme
poids dans chaque lieu où l'on le mettra:
ce que nous ferons dans l'article qui suit.

ARTICLE IX.

*De la figure que doit auoir le solide pour se
rompre esgalement en tel poinct que l'on
voudra : lequel doit estre parabolique.*

SI l'on s'imagine le prisme ou soliueau
BPCA, la ligne parabolique marquee
de B à A, dónera la figure du solide ABC,
qui se rompra aussi aisément par le poids
appliqué au poinct I ou Y, comme au
poinct A, où en tel autre lieu qu'on voudra. Or il est aisé de marquer cette ligne
en poussant tellemét vne boule du poinct
B sur la surface de ce prisme vn peu pen-
chant sur l'orison du costé de C A, qu'elle aille finir son mouuement en A, car elle
marquera cette ligne s'il y a vn peu de
poussiere sur le plan B P C A, ou bien l'ou
aura cette figure en laissant pancher vne

petite chaisne sur deux clous attachez
horizontalement à vn mur perpendiculairement à l'orison , laquelle descrira
vne parabole entiere, dont la moitié donnera la ligne A B.   L'autheur monstre
quantité de belles choses de cette ligne
dans deux figures particulieres. Il est
aisé de ponctuer la ligne marquee par la
chaisne, sur du papier, pour transporter
la moitié de cette parabole, c'est à dire B
F A, sur le prisme, duquel on veut oster le
solide parabolique.   Où il faut remarquer que le triangle mixteragne A P B
circonscrit à la demie parabole A B C est
le tiers du prisme C A P, comme il prouue en monstrant qu'il n'est ny plus grand
ny plus petit que ledit tiers.

   Mais la chose merite bien d'estre expliquee plus au long, & pour ce sujet ie
mets icy son Lemme, qui vaut bien vne
bonne proposition.

LEMME.

Si l'on a deux balances, ou deux leuiers telle-
ment diuisez par leurs souſtiens, que les
deux distances, où les deux puiſſances ſont
appliquees, ſoient en raiſon double des di-
ſtances où ſont les reſiſtances, & que ces re-
ſiſtances ſoient entr'elles comme leurs di-
ſtances, les puiſſances qui ſouſtiennent ſe-
ront eſgales.

SOiᴇɴᴛ les deux leuiers A B, & C D,
tellement diuiſez par leurs ſouſtiens E
F, que la diſtance E B ſoit à la diſtance F
D, en raiſon double de la diſtance E A à
la diſtance F C, ie dis que les puiſſances
miſes en B & D ſouſtiendront les reſiſtances A & C, pour eſtre eſgales entr'-
elles.

Que G E ſoit moyenne proportionnelle entre B E, & D F, donc comme B E
à G E, ainſi G E à D F, & A E à C F, & la
reſiſtance d'A à celle de C. Et parce que
côme G E à D F, ainſi A E C F, il s'enſuit

qu'en changeant, G E eſt à E A, comme

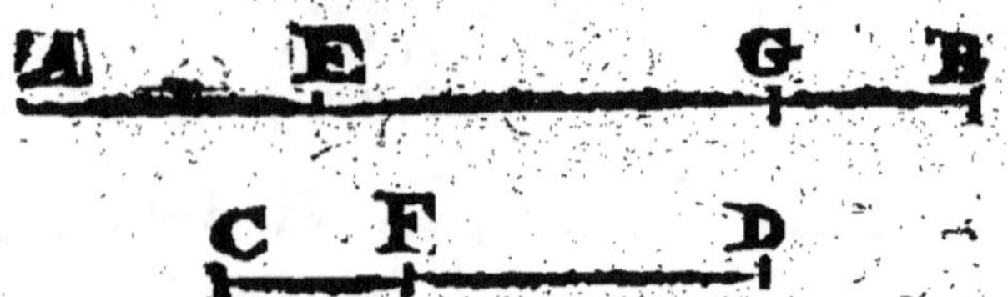

D F à F C; & partant (puis que les leuiers
ſont diuiſez proportionnellement aux
poinⅽts F E,) quand la puiſſance qui eſt
en D, laquelle eſt eſgale à la reſiſtance de
C, ſera en G, elle ſera eſgale à la meſme
reſiſtance de C en A ; mais la reſiſtance
d'A eſt à celle de C, comme E A eſt à C
E, ou B E à G E, donc la puiſſance G, ou
D miſe en B, ſouſtiendra la reſiſtance miſe en A, ce qu'il falloit prouuer.

Cecy eſtant poſé, ſoit deſcrite la ligne
hyberbolique B H A, ſur le coſté du priſme B P C A, de laquelle le ſommet ſoit
A, & que le priſme ſoit coupé par cette
ligne, de ſorte qu'il ne demeure que le
ſolide B C A, compris par la baſe du priſme B C, & par la ligne courbe B I H F E
A, ie dis que ce ſolide reſiſtera par tout
eſgalement. Que la ſection Y H ſoit parallele à D C, & ſoient entendus deux

leuiers souftenus par A C, de forte que
la diftance de l'vn foit A C, C B, & de
l'autre A Y & Y Z; parce que dans la parabole B A C, C A eft à A Y, comme le

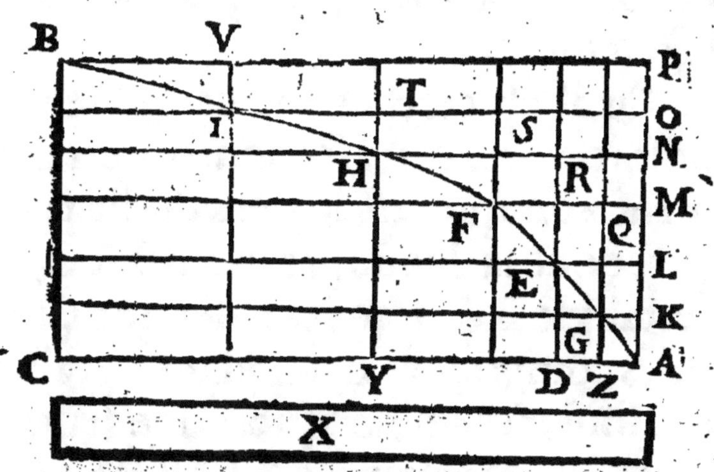

quarré de B C au quarré Y H, il eft euident que la diftance du leuier A C, eft à
la diftance de l'autre A Y, en raifon double de la diftance C B, à celle de H Y. Et
parce que la refiftance efgale au leuier C
A eft à celle qui eft efgale au leuier A Y,
en mefme raifon que le rectangle B C au
rectangle H Y, qui eft la mefme raifon
que celle de B C à C Y, qui font les deux
diftances des leuiers, il eft euident par le
Lemme precedent, que la mefme force,
qui appliquee à la ligne Z, eft efgale à la

resistance B C, sera aussi esgale à la resistance H Y. L'on monstrera la mesme chose de tel autre poinct qu'on voudra, pris dans cette ligne parabolique, donc ce solide parabolique resistera par tout esgalement.

Or il est certain que ce qui reste du prisme, apres cette section, ou retranchement conique, est le tiers dudit prisme, parce que la demie parabole B A C, & le rectangle B A, sont les bases de deux solides compris par deux plans paralleles, qui sont en mesme raison que leurs bases; Mais le rectangle B A est sesquialtere de la demie parabole B H A C, donc apres l'auoir coupee, il ne reste que le tiers du prisme.

C O R O L L A I R E.

L'vtilité de ce solide parabolique est tres grande, pource que l'on peut diminuer la pesanteur des soliueaux, & de tout ce qui sert en cette qualité à l'Architecture, de trente-trois liures pour cent, sans en diminuer la force ; ce qui peut
encore

encore s'accommoder aux nauires, &
dans les autres machines, où la legereté
est grandement requise, & recomman-
dee, car elle est de tres-grande impor-
tance : de sorte que si les Architectes &
les autres artisans sçauent vser de tous les
auantages de la parabole, ils surpasseront
tout ce que l'on a veu iusques à present,
& feront que tous apprendront l'vsage,
& la beauté des trois sections Coniques,
à sçauoir de la parabole, qui sert pour les
miroirs, & de l'hyperbole, & l'elypse
qui donnent les figures propres pour faire des lunettes de longue & de courte
veuë, des meilleures de toutes les possibles, sans parler de ce qu'elles peuuent
apporter aux concerts, dont i'ay parlé
tres-amplement ailleurs.

ARTICLE X.

De la force ou resistance des cylindres creusez,
comparee à celle des cylindres pleins &
solides.

L'Air & la nature se seruent de cylindres creusez, comme l'on experimen-

te aux canaux des fontaines, aux arque-
bufes, cannes, ou rofeaux, aux os des
oyfeaux, aux efpics de bled, & en mille
fortes de chalumeaux, qui monftrent les
effets de la nature, comme fi elle co-
gnoiffoit que par ce moyen la force s'augmente fans augmenter la pefanteur. Car
vn tuyau creufé, foit de bois, de metail,
ou d'autre matiere eft beaucoup plus fort
qu'vn cylindre d'efgale longueur & pefanteur, & par ce moyen l'on peut faire
les lances plus fortes, quoy que plus legeres, comme l'on voit dans les propofitions qui fuiuent.

XVII. PROPOSITION.

*Deux cylindres efgaux, & d'efgale longueur,
dont l'vn eft creux, & l'autre plein & folide, font entr'eux en mefme raifon que les
diametres de leurs bafes.*

IEme fers de la figure des cylindres de
la treiziefme propofition pour expliquer celle-cy, qui n'a befoin que des
deux plus grands cylindres, defquels il

faut maintenant suppoſer que le plus
gros F D eſt vuide, & que celuy du milieu

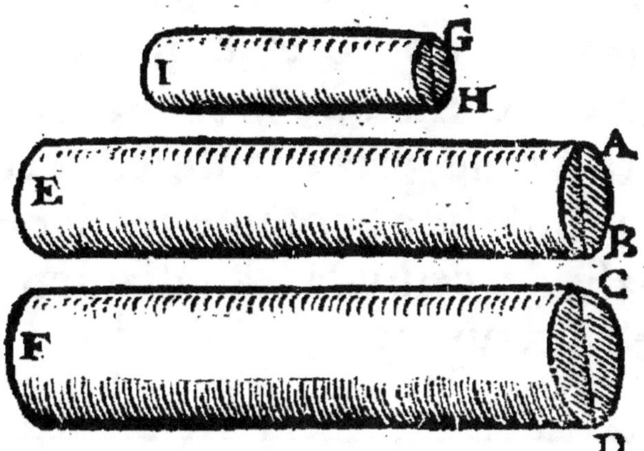

E A eſt tout plein & ſolide, comme ſi on
l'auoit oſté de dedans le plus gros.

Cecy poſé que ces deux cylindres
ſoient d'eſgale peſanteur & longueur, ie
dis que la bande circulaire, qui reſte
apres que le cylindre ſolide en a eſté oſté,
eſt eſgale à la baſe du cylindre ſolide, &
que la force du vuide eſt plus grande, car
bien que le ſolide E B ſoit eſgal en force
à F D, lors que l'on les conſidere comme
de ſimples leuiers, parce que leurs deux
appuis D & B ſont eſgalement eſloignez
des bouts F & E, neantmoins le cylindre
vuide F D eſt d'autant plus fort, que le
ſolide E B, que ſon contreleuier C D eſt
plus grand que B A.

Quant à la force des cylindres inesgaux
en pesanteur, & esgaux en longueur, l'on
trouue la proportion de leur force, & resistance par le probleme qui suit : Il faut
donc conclure que la resistance du cylindre vuide precedante est à celle du
plein consolide, comme le diametre de
la base de celuy-là, au diametre de la
base de cetuy-cy.

XVIII. PROPOSITION.

*Vn cylindre creux estant donné, trouuer vn
cylindre solide d'esgale longueur qui luy
soit esgal.*

QVe le diametre de la base du cylindre donné soit A B, & le diametre
du vuide CD ; appliquez la ligne AE
dans le cercle, esgale au
diametre CD, & ioignez
BE ; & parce que l'angle A
E B est droit, le cercle sur
A B est esgal aux deux cercles sur AE & BE ; mais A
E est le diametre du vuide, donc le cer-

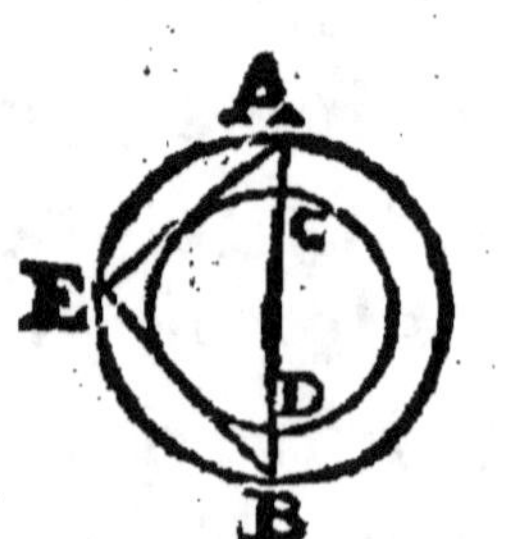

cle fur E B fera efgal à la bande circulaire, A C, P B, & par confequent le cylindre folide, qui a B E pour la bafe de fon
diametre, fera efgal au cylindre creufé
efgal en longueur.   Mais faifons autrement la demonftration.

XIX. PROPOSITION.

*Trouuer la raifon de la refiftance de deux cy-
lindres quels qu'ils foient, pourueu qu'ils
foient de mefme longueur.*

SOIENT les cylindres A E, & R M d'efgale longueur, l'on aura la raifon de
leurs refiftances, fi l'on trouue par la propofition precedente, le cylindre I N efgal à E A : & puis ayant trouué la quatriefme proportionnelle de I L, R S, à
fçauoir V, ie dis que la refiftance du cy-
lyndre A E eft à celle du cylindre R M,
comme la ligne A B à la ligne V. Car A

E eſtant eſgal en longueur à E F, la reſi-

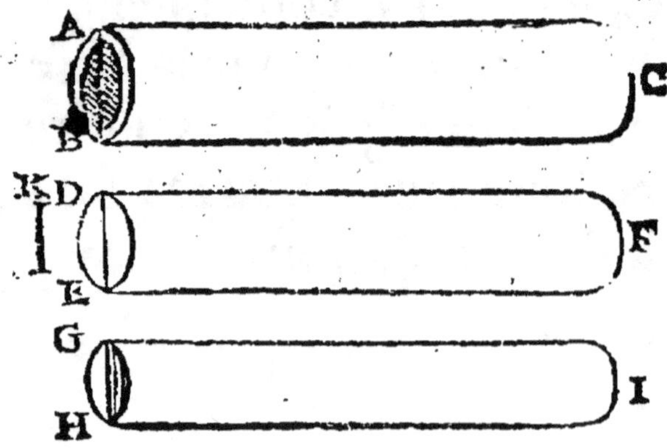

ſtance du cylindre vuide ſera à celle du ſolide, comme A B à D E, mais la reſiſtance du cylindre D F eſt à celle du cylindre H I, comme le cube D E au cube G H, ou comme D E à V, donc la reſiſtance du cylindre creux A E eſt à celle du cylindre G I, comme B A à V, ce qu'il falloit trouuer.

Fin du ſecond Liure.

LIVRE TROISIESME.
DES NOVVELLES
PENSEES DE GALILEE.

Du mouuement esgal ou vniforme.

CE Liure donne la science du mouuement esgal, & vniforme en six propositions, & n'a qu'vne definition, à sçauoir que ce mouuement est celuy dont les parties parcouruës par vn mobile en toutes sortes de temps esgaux, sont esgales : il adiouste, *en toutes sortes de temps esgaux,* à l'ancienne definition, parce qu'il peut arriuer que les espaces parcourus en de moindres parcelles des parties de temps, quoy qu'esgales, ne soient pas esgaux. Il deduit les 4 axiomes suiuans de cette definition.

L iiij

Premier axiome. L'efpace parcouru dans vn plus long temps par le mefme mouuement efgal, eft plus grand que l'efpace parcouru dans vn moindre téps.

II. Le temps pendant lequel vn plus grand efpace eft parcouru par vn mouuement efgal, eft plus long que le temps, pendant lequel vn moindre efpace eft parcouru.

III. L'efpace parcouru d'vne plus grande viteffe en mefme temps eft plus grand que l'efpace parcouru d'vne moindre viteffe.

IV. La viteffe, par laquelle vn plus grand efpace eft parcouru en mefme temps eft plus grande que la viteffe par laquelle vn moindre efpace eft parcouru.

Theoreme 1. PROP. I.

*Lors qu'vn mobile meu esgalement, & d'vne
esgale vitesse parcourt deux espaces, les
temps qu'il employe sont entr'eux comme
les espaces.*

CAR que le mobile meu esgalement
parcoure les deux espaces A B, B C
d'vne esgale vitesse, & que D E soit le
temps pendant lequel le mouuement A
B se fait : & E F le temps durant lequel se
fait le mouuement B C, ie dis que le téps
D E est au temps E F, comme l'espace A
B, à l'espace B C. Que les temps, & les
espaces soient prolongez d'vn costé &
d'autre vers G H & I K, & soient mar-
quez sur A G tant d'espaces qu'on voudra esgaux à A B, & autant de téps en D
I, esgaux au téps D E. Et puis soient mar-
quez sur C H tát d'espaces qu'on voudra
esgaux à C B, & autant de temps sur F K,
esgaux au temps E F. L'espace B G & le
temps E I seront esgalement multiples
de l'espace B A, & du temps E D, quelque

nombre d'espaces & de temps que l'on puisse prendre : semblablement l'espace H B & le temps K E seront esgalement multiples de l'espace B A, & du temps E D, quelque nombre d'espaces & de téps que l'on puisse prendre : semblablement l'espace H B, & le temps K E seront esgalement multiples de l'espace C B & du temps F E. Et parce que D E est le temps du mouuement qui se fait sur A B, tout E I sera le temps de tout B G, parce que nous supposons le mouuement esgal. Qu'il y ait sur E I autant de temps esgaux au temps D E, comme il y a d'espaces sur B G esgaux à l'espace B A, l'on conclura aussi que K E est le temps du mouuement fait sur H B.

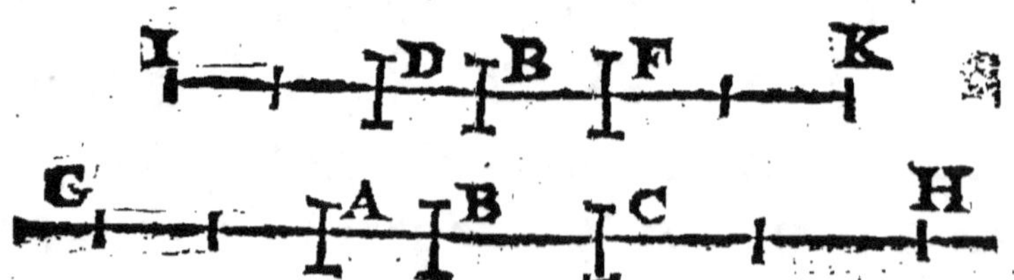

Or puis que le mouuement est supposé esgal, si l'espace G B estoit esgal à l'espace B H, le temps I E seroit esgal au temps E K : & si G B est plus grand que B H, I E sera aussi plus grád qu'E K, & s'il est moin-

dre, il fera moindre. Nous auons donc
quatre grandeurs, la premiere A B, la feconde B C, la troifiefme D E, & la quatriefme E F, & nous auons pris des equimultiples de la premiere, & de la troifiefme, ou de l'efpace A B & du temps D E, à
fçauoir le temps I F, & l'efpace G B ; &
i'ay demonftré qu'ils eftoient efgaux, ou
qu'ils eftoient plus ou moins grands que
le temps E K, & l'efpace B H equimultiples de la feconde & de la quatriefme.
Donc la premiere, c'eft à dire l'efpace A
B, a mefme raifon à la feconde, c'eft à
dire à l'efpace B C, que la troifiefme à la
quatriefme, c'eft à dire que le temps D E
au temps E F, ce qu'il falloit demonftrer.

Theor. 2. PROP. II.

Si le mobile parcourt deux efpaces en temps
efgaux, ces efpaces feront entr'eux comme
les viteffes ; & fi les efpaces font comme les
viteffes, les temps feront efgaux.

SOIENT dans la figure precedente les
deux efpaces A B, C B, parcourus en

des temps efgaux, & l'efpace A B auec la
vitefse D E, & l'efpace B C auec la vitefse
E F, ie dis que l'efpace A B eft à l'efpace
B C, comme la vitefse D E à la vitefse E F,
car fi l'on prend, comme cy-deuant, les
equimultiples, tant des efpaces, que des
vitefses, en telle multitude qu'on voudra, à fçauoir G B & I E multiple d'A B
& D E, & femblablement H B & K E multiples B C & E F, l'on conclura la mefme
chofe, que cy-deffus, à fçauoir que les
multiples G B, I E feront ou moindres,
ou efgales, ou plus grandes que les equimultiples B H, & E K; donc cette propofition eft demonftree.

Theor. 3. PROP. III.

*Les temps des mobiles portez de differentes
vitefses par vn mefme efpace, font en raifon retiproque defdites vitefses.*

SOIT A la plus grande vitefse, & B la
moindre, & que felon l'vne & l'autre,
le mobile fe meut de C en D, ie dis que
le temps, auquel la vitefse A parcourt

l'eſpace C D, eſt au temps, pendant lequel la viteſſe B parcourt le meſme eſpace, comme la
viteſſe B eſt à
la viteſſe A.
Car que C D

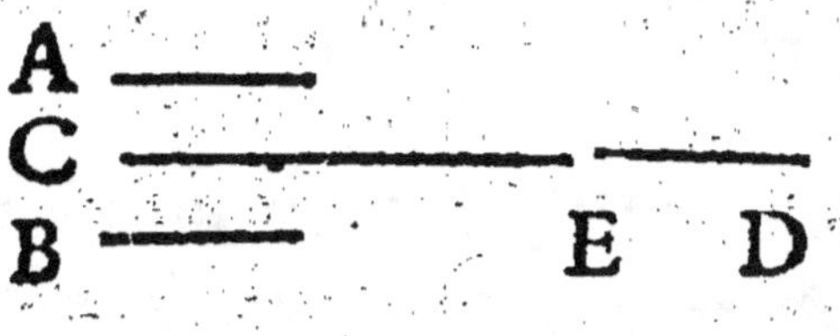

A ———
C ————————— ———
B ———   E   D

ſoit à C E, comme A à B, donc par la propoſition precedente, le temps auquel la
viteſſe A parcourt l'eſpace C D, ſera le
meſme, pendant lequel la viteſſe B parcourt l'eſpace C E. Mais le temps durant lequel la viteſſe B parcourt C E eſt
au temps, pendant lequel la viteſſe A
parcourt l'eſpace C D, comme C E à C D,
donc le temps auquel la viteſſe A parcourt C D, eſt au temps auquel la viteſſe
B parcourt le meſme eſpace C D, comme
C E à C D, c'eſt à dire comme la viteſſe B à la viteſſe A, ce qu'il falloit de-
monſtrer.

Theor. 4. PROP. IV.

Si deux mobiles font portez d'vn mouuement efgal, & neanmoins d'vne viteffe inef-gale, les efpaces qu'ils font en temps inef-gaux, feront en raifon compofee de la rai-fon des viteffes, & de celle des temps.

SVPPOSONS que les deux mobiles E F foient meus d'vn mouuement ef-gal, ou vniforme, & que la raifon de la viteffe du mobile E foit à la viteffe du mobile F, comme A à B, & que la raifon du temps auquel fe meut E, foit au téps, auquel fe meut F, comme C à D, ie dis que l'efpace parcouru par E, auec la vi-teffe B dans le temps C, eft à l'efpace parcouru par F auec la viteffe B, dans le temps D, en raifon compofee de la rai-fon de la viteffe A à la viteffe B, & de la raifon du temps C au temps D.

Que G foit l'efpace parcouru par E, auec la viteffe A, dans le temps C, & que G foit à I, comme la viteffe A à la viteffe B : Et que I foit à L, comme le temps C

au temps D, il est euident que I est l'espace, par lequel se meut F en mesme téps,
auquel E a parcouru G, parce que les espaces G I sont comme les vitesses A B.

Et parce que I est à L, comme le temps
C au temps D; & que I est l'espace parcouru par le mobile F dans le temps C,
L sera l'espace, parcouru par F dans le
temps D auec la vitesse B. Or la raison
de G à L est composee des raisons de G à
I, & d'I à L, à sçauoir des raisons de la vitesse A à la vitesse B, & du temps C au
temps D, donc la proposition est vraye.

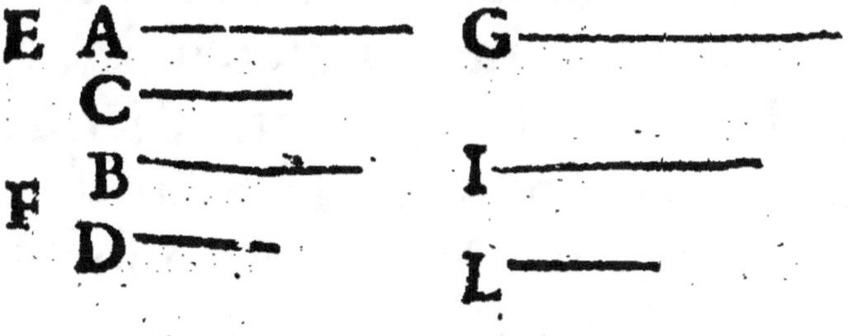

Theor. 5. PROP. V.

Si deux mobiles sont meus d'vn mouuement vniforme, & que les vitesses soient inesgales, & les espaces inesgaux, la raison des temps sera composee de la raison des espaces, & de celle des vitesses prises reciproquement.

SOIENT les deux mobiles A B, & que la vitesse d'A soit à celle de B, comme V à T, & les espaces parcourus, comme S à R, ie dis que la raison du temps, auquel A est meu, au temps, durant lequel B est meu, est composee de la raison de la vitesse de T à celle d V, & de la raison de l'espace S à l'espace R. Que C soit le téps du mouuement A, & que le temps C soit au temps E, comme la vitesse de T à celle d'V. Et parce que C, est le temps, auquel

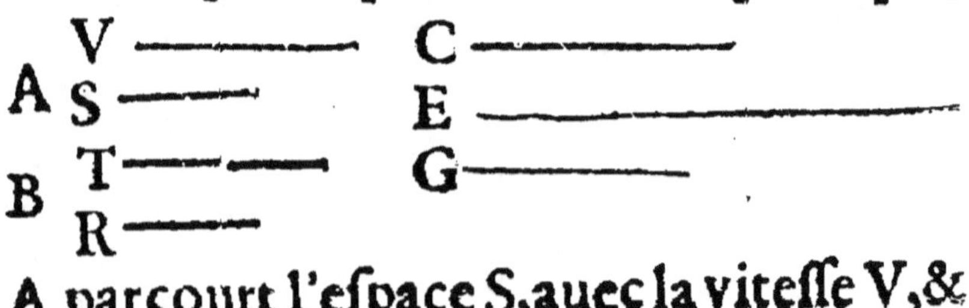

$$
\begin{array}{ll}
 & V \text{———————} \quad C \text{——————————} \\
A & S \text{————————} \quad E \text{————————————} \\
 & T \text{———— ————} \quad G \text{————————————} \\
B & R \text{——————}
\end{array}
$$

A parcourt l'espace S, auec la vitesse V, & que

que comme la vitesse T du mobile B est à
la vitesse V, ainsi le temps C au temps E,
le temps E sera celuy, que le mobile B
employeroit à parcourir le mesme espace S.

En troisiesme lieu, que le temps E soit
au temps G, comme l'espace S à l'espace
R, il est euident que G est le temps, auquel B parcourut l'espace R. Et parce que
la raison de C à G est composée des raisons de C à E, & d'E à G; & que la raison de C à E est la mesme que celle des
vitesses des mobiles A, B, prises reciproquement, c'est à dire que la raison de T à
V; & que la raison d'E à G est la mesme
que celle des espaces S R, la proposition
est veritable.

Theo. 6. PROP. VI.

*Si deux mobiles sont meus d'vn mouuement
esgal, la raison de leurs vitesses sera composée de celle des espaces parcourus, & de
celle des temps, pris contrairement.*

QVE les deux mobiles A B soient
meus d'vn mouuement vniforme, &

M

que les espaces qu'ils auront parcourus
soient comme V à T, & les temps de leurs
courses, comme S à R, ie dis que la vitesse du mobile A à celle du mobile B est
composee de la raison de l'espace V à
l'espace T, & de celle du temps R au
temps S. Que C soit la vitesse, dont le
mobile A parcourt l'espace V, dans le
temps S, & que C à E ait mesme raison q'V à T, E sera la vitesse, dont le
mobile B parcourt l'espace T, dans le
temps S.

Or si la vitesse E est à celle de G, comme le temps B au temps S, G sera la vitesse, dont le mobile B fait l'espace T,
dans le temps R.

A V ————————————　　C ————————————
　S ——————　　　　　　　E ————————————
B T ——————————　　　　G ————————
　R ——————————

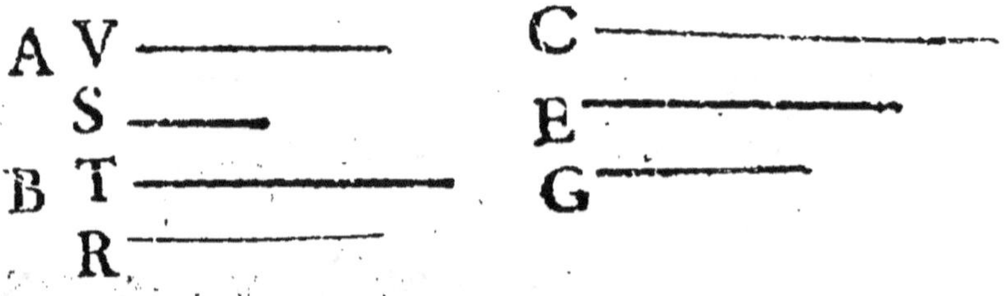

Nous auons donc la vitesse C, auec laquelle le mobile A fait l'espace V, dans
le temps S ; & la vitesse G, dont le mobile B fait l'espace T, dans le temps R. Or
la raison de C à G est supposee la mesme

que celle de l'espace T ; & la raison d E
à G, est la mesme que celle de R à S, donc
la proposition est demonstree.

Fin du troisiesme Liure.

LIVRE QVATRIESME.
DES NOVVELLES
PENSEES DE GALILEE.

De la proportion dont les corps pesans hastent leur vitesse en descendans vers le centre de la terre.

ARTICLE PREMIER.

Contenant les suppositions & les experiences de Galilée.

L'EXPERIENCE fait voir qu'vn corps pesant, comme sont les metaux, les pierres, les bois, &c. hastent tellement leur cheute commencee, qu'à chaque moment de temps ils acquierent de nou-

ueaux degrez de viteffe, dont l'augmentation eft vniforme, car ils en acquierent
autant au premier moment qu'au fecond, au fecond qu'au troifiefme, & ainfi
des autres, iufques au centre, fi nous fup-
pofons que le milieu n'empefche point ;
car Galilée ne le confidere point, & par-
le de ces defcentes comme fi elles fe fai-
foient dans le vuide, dans lequel chaque
corps defcendroit d'vne efgale viteffe,
comme i'ay dit dans le premier Liure.
Ce mouuement naturel fe peut ainfi de-
finir. *Le mouuement naturel qui augmente
fa viteffe vniformement, & efgalement, eft
celuy qui depuis fon repos iufques à la fin de fa
cheute acquiert des degrez efgaux de viteffe
en des temps efgaux.* Car à chaque partie
de temps, pour petit qu'il puiffe eftre, il
arriue quelque degré de viteffe à ce mouuement : par exemple, le degré de viteffe acquife dans la premiere partie de téps
iointe au degré de la viteffe acquife dans
la feconde partie de temps : eft double du
degré acquis en ladite premiere partie
de temps ; la viteffe acquife en trois téps
eft triple, & ainfi des autres iufques à
l'infiny : de forte que fi le mobile defcen-

M iij

doit felon le degré acquis en la premiere
partie fans changer cette viteffe, fon
mouuement feroit deux fois plus tardif
que celuy qui fe feroit par le degré acquis dans deux temps : c'eft pourquoy
nous pouuons faire feruir l'eftenduë du
temps pour l'intention, ont la gradua-
tion de la viteffe. Et comme il y a vne
infinité d'inftans en chaque partie de
temps, l'on peut en remontant vers le repos d'où le mobile commence à defcendre, trouuer des tardiuetez toufiours
plus grandes iufques à l'infiny, de maniere que fi vne pierre n'augmétoit point
la viteffe acquife dans vn certain temps,
elle ne defcendroit pas la longueur d'vn
pied dans vn an, comme i'ay demonftré
dans la feptiefme propofition du fecond
Liure des Mouuemens, dans lequel i'ay
traicté fi amplement de ce mouuement
naturel, de fa proportion, & de fes acci-
dens, qu'il peut fuppleer ce qui manque
icy.

Galilée prouue cette tardiueté par le
peu d'effet d'vn corps pefant qui defcend
feulement d'vn pied, ou d'vn pouce de
haut fur quelque pieu, comme l'on fait

auec les beliers en fichant des pieux dans
les lieux marefcageux pour baftir : car
plus le coup du belier, qui tombe deffus,
a d'effort, & plus il va vifte : ce qu'il acquiert en defcendant de plus haut.
Mais il eft difficile de donner la raifon
pourquoy cette viteffe s'augmente ainfi.
Les vns difent que c'eft par la diminution
de l'impetuofité imprimee aux corps pefans, efquels mefme on la peut confiderer, quoy qu'on les retienne fimplement
auec la main, ou qu'ils foient appuyez
fur la terre, parce que l'empefchement
qu'ils fouffrent, eft vne mefme chofe que
la violence de l'impetuofité, de forte que
la viteffe de la cheute s'augmente en
mefme raifon que cette violence ceffe :
les autres difent que c'eft à caufe que le
mobile approche du centre de la terre,
ou parce qu'il refte moins d'air à fendre,
ou que l'air de derriere le chaffe & le pref-
fe toufiours de plus en plus : il ne fe fou-
cie pas icy de donner la vraye raifon
de cette viteffe, mais on la trouuera dans
la dix-neufiefme propofition du troifiefme Liure des Mouuemens, & dans fon
fecond Corollaire.

M iiij

Il refute en suite la pensee de plusieurs,
qui disent que la vitesse croist en mesme
raison que les espaces, par exemple, que
la vitesse acquise en quatre espaces est
double de celle qui est acquise en deux,
car il s'enfuiueroit de là que le mobile
feroit aussi-tost quatre brasses comme
deux : neantmoins cecy se peut entendre
d'vne veritable façon ; car pourquoy ne
peut-on pas dire que la vitesse est plus
grande à proportion des plus grands espaces parcourus? mais il ne faut pas nous
esloigner de l'intention de l'Autheur, qui
suppose qu'vn mesme mobile roulant sur
des plans differens, acquiert vn esgal
degré de vitesse, lors que ces plans ont
vne mesme hauteur ; par exemple, si l'vn
des plans inclinez à huict toises de long,
& l'autre vne seule toise, lors que le mobile est arriué à la fin de la huictiesme toise, il va seulement aussi viste que celuy
qui est à la fin de sa toise, & si la hauteur
perpendiculaire de ces plans n'a qu'vn
pouce, le mobile ira aussi viste à la fin de
ce pouce, comme il va à la fin desdits
plans.

D'où il s'enfuit encore qu'vn poids

attaché à vne chorde longue ou courte
aquiert vne viteſſe, & vne force eſgale,
lors qu'il remonte auſſi haut à l'eſgard
de la ligne perpendiculaire à l'orizon,
cōme il arriue lors ayant attaché deux
chordes, l'vne de trois pieds, & l'autre
d'vn pied, qui deſcendent auſſi bas l'vne
que l autre, l'on eſleue les deux poids par
leurs arcs à meſme hauteur d'orizon, de
ſorte que ſi le poids de celle qui eſt trois
fois plus courte, pouuoit ſe tranſporter
à la plus longue, il auroit acquis dans
cette plus courte la force de parcourir
l'arc trois fois plus grand de la chorde
plus longue. Et ſi l'on oſte tous les em-
peſchemens, l'on peut dire la meſme choſe des plans droits inclinez, ou non inclinez ; à l'extremité deſquels le poids acquiert la force de remonter auſſi haut
que le lieu dont il eſt party.

Il faut donc demeurer d'accord, comme d'vne maxime fondamentale, *que les
degrez de viteſſe acquis par vn mobile deſcendant ſur des plans differemment inclinez,
ſont eſgaux, quand leurs eſleuations ſont eſgales :* par exemple, ſi vne boule deſcend
tout au long d'vn plan incliné long de

quatre toifes, & dont la hauteur foit
d'vne toife, elle aura acquis vne viteffe
efgale lors qu'elle aura fait vne toife par
le plan perpendiculaire, & quatre par
l'incliné, & ainfi des autres.

Ce que l'on comprendra mieux par
cette figure, qui nous feruira encore pour
d'autres propofitiõs ; foit dõc H B le plan
perpendiculaire de cette hauteur telle
qu'on voudra, & B G la ligne horizontale, ie dis que la boule qui aura defcen-
du de H en B, aura iuftement autant acquis de degrez de viteffe, que celle qui
aura defeendu par le plan incliné H G.

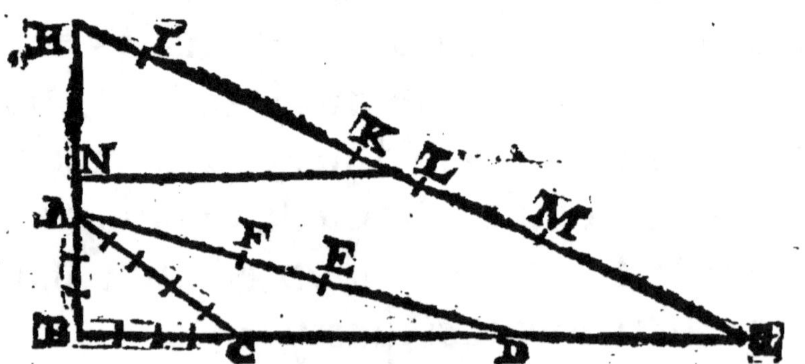

De mefme, la boule qui aura roulé de H
en K, ou d'A en D, ou en C, aura acquis
autant de viteffe, que fi elle eftoit defcenduë de H en N, ou d'A en B : parce
qu'en l'vne & l'autre de fes defcétes, elle
s'approche efgalement du centre de la

terre : ce qui est aussi considerable, comme il est veritable : & d'où il est aisé de conclure qu'vn mobile peut acquerir vne esgale vitesse par vne infinité de plans differens tous de mesme hauteur : & qu'il peut faire cent ou mille lieuës auant que d'acquerir autant de vitesse comme il en acquiert en descendant par vn plan perpendiculaire d'vn pied, ou d'vn pouce de hauteur, comme i'ay monstré fort amplement dans le second Liure des Mouuemens.

Mais auant que de passer outre, il faut considerer l'experience de Galilée, afin de voir l'appuy de son discours. Ayant donc pris vn ais long de douze brasses, qui font enuiron vingts pieds, & large d'vn pouce, il a leué vne ou deux brasses sur l'orizon, & ayāt laissé descendre plusieurs fois vne boule de bronze bien polie, tout au long dudit plan, il a tousiours remarqué le tēps de cette cheute si exact, & si iuste, qu'il n'y a iamais trouué à redire de la dixiesme partie d'vne seconde minute, & puis l'ayant laissé descendre du quart de ce plan (dans lequel il y a vn canal pour la conduite de la boule) c'est

à dire de trois braſſes, il a touſiours remarqué que le temps de cette cheute eſt
preciſément la moitié de la cheute totale.   Et finalement ayant pris les deux
tiers, les trois quarts, &c. dudit plan, il a
touſiours trouué que les eſpaces parcourus ſont en raiſon doublee des temps,
c'eſt à dire comme les quarrez des téps,
qu'il a meſurez en peſant l'eau qui cou-
loit du fond d'vn ſeau attaché en haut,
par vn petit robinet, attaché fermement
audit fond ; car ayant peſé cette eau re-
ceuë dans vne phiole, auec des balances
fort iuſtes, à chaque deſcente de la boule, il a remarqué plus de cent fois que les
quátitez, & peſanteurs des eaux coulees,
durant les differentes deſcentes, ont touſiours eſté en raiſon ſous-doublee deſdi-
tes deſcentes.

REMARQVE.

I'ay trouué les meſmes proportions en
laiſſant tomber des boules de plomb, &
de toute autre ſorte de matiere, en toutes ſortes de hauteurs depuis vn pied iuſques à cent quarante-ſept pieds de haut,
lors que la boule n'a point eſté plus lege-

re que la douziefme partie de celle de plomb, car lors que la boule eft de liege, ou de moüelle de fureau, &c. elle commence bien fenfiblement à perdre cette proportion de viteffe, à fçauoir dés les vingt-quatre premiers pieds de leurs defcentes, & mefme beaucoup pluftoft, à raifon du grand empefchement de l'air, comme l'on peut voir dans le fecond & troifiefme Liure de nos Mouuemens, & dans la premiere obferuation Phyfique. Mais puis que Galilée ne veut pas confiderer l'empefchement de l'air dans fon Traicté, dans lequel il fuppofe que les mobiles defcendent dans le vuide, ie laiffe maintenant cette difficulté, afin de venir à fes propofitions.

ARTICLE II.

Contenant les quatre premieres propositions de Galilée.

PROPOSITION I.

Le temps qu'vn mobile employe à parcourir quelque espace en hastant sa course vniformement depuis le poinct de son repos, est esgal au temps qu'il employeroit à parcourir le mesme espace d'vn mouuement esgal, dont la vitesse seroit double du dernier ou plus grand degré de vitesse du premier mouuement qui hastoit sa course vniformement.

L'ON peut voir la demonstration de cette proposition dans la secóde proposition du second Liure de nos Mouuemens Harmoniques ; ce que i explique icy par les nombres qui representent l'augmentation de la vitesse, du mouuement, à sçauoir par 1, 3, 5, & 7, qui mon-

ſtrent que le mobile faiſant vn pied au 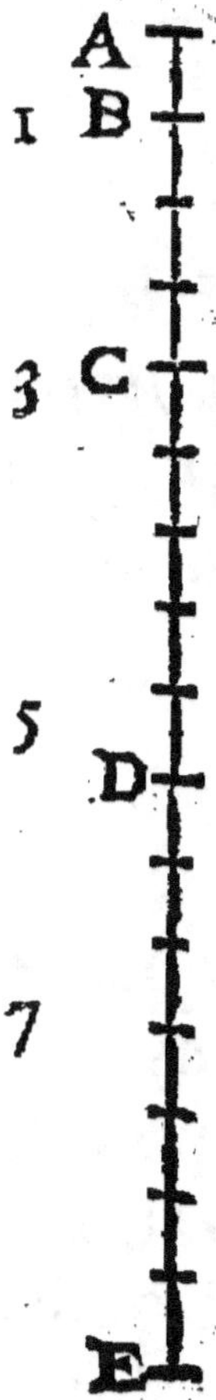
premier temps, en fait 3 au ſecód,
cinq au troiſieſme, & 7 au quatrieſme, ou dernier ; dont la fin
eſtant le commencement du quatrieſme temps, & par conſequent
du huictieſme degré de viteſſe, il
faur prendre quatre pour la moitié de la viteſſe ; car il eſt conſtant
que ſi le mobile commence ſon
mouuement par 4 degrez de viteſſe, ſans l'augmenter, il fera le
meſme chemin A E en 4 temps,
auſſi bien que quand il augmente
ſa viteſſe, puis que 4 fois 4 font
auſſi bien 16, que 1, 3, 5, & 7. Ce
que pluſieurs entendront plus aiſément, que ſi i'euſſe vſé de figures, comme i'ay fait dans ladite ſeconde
propoſition. D'où il appert que le mobile feroit deux fois autant de chemin,
c'eſt à dire le double d'A E, s'il pourſui-
uoit à deſcendre autant de temps qu'il
en employe depuis A, iuſques à E, c'eſt à
dire 4 temps, car puis qu'il a acquis 16
degrez de viteſſe en B, il feroit 4 fois 8,
c'eſt à dire 32 eſpaces.

PROPOSITION II.

Lors que le mobile descend du poinct de son repos, en augmentant sa vitesse, les espaces qu'il parcourt en des temps donnez, sont entr'eux en raison doublee desdits temps, c'est à dire comme leurs quarrez.

SI l'on entend la premiere proposition, celle-cy n'a que faire de preuue, car les 4 espaces, 1, 3, 5, 7, font 16, lequel 16 est le quarré des 4 temps, côme les trois premiers nombres 1, 3, 5 font 9 pour le quarré de trois temps, & ainsi des autres, iusques à l'infiny, comme i'ay monstré fort au long dãs la premiere proposition du second Liure des Mouuemens. Or il deduit deux Corollaires de cette proposition, dont le premier est, que si l'on prend tant de têps esgaux que l'on voudra, qui se suiuent immediatement depuis vn, & depuis le commencement du mouuement, les espaces parcourus seront entr'eux comme les nombres impairs qui commencét par l'vnité, comme

l'on

l'on voit aux nombres precedens, 1, 3, 5,
7, &c.

Le second Corollaire fait voir que si
l'on prend deux espaces, tels qu'on voudra, depuis le commencement du mouuement, parcourus en tels temps qu'on
voudra, les temps seront entr'eux comme l'vn des espaces donnez à l'espace
moyen proportionnel entre les deux espaces donnez. Car ayant pris ces deux
espaces, par exemple, S T & S V, entre
lesquels S X soit le moyen proportionnel,
le temps de la cheute par S T, est à celuy
de la cheute par S V, comme S T à S
X, ou bien le temps par S V, est au téps
par S T, comme V S à S X, car puis
que les espaces parcourus sont en raison doublee des temps, ou comme
leurs quarrez, & que la raison de l'espace V S à celuy de S T, est double de
la raison V S, à S X, ou mesme que
celle des quarrez V S & S X, il est euident, que la raison des temps durant
lesquels se font les cheutes par S V & S T,
est la mesme que celle des espaces V S &
S X. Ce qui est aussi veritable des cheutes qui se font sur les plans inclinez, que

N

de celles qui se font perpendiculairement.

PROPOSITION III.

*Lors qu'vn mesme mobile se meut du poinct
de son repos sur vn plan incliné, & par le
plan perpendiculaire de mesme hauteur, les
temps de ses cheutes sont en mesme raison
que la longueur desdits plans.*

IL ne faut qu'vn exemple pour entendre cette proposition; donc si l'on s'i-
magine deux plans de mesme hauteur
perpendiculaire, dont l'vn ait vne toise,
& l'autre six, si le mobile tombe dans vn
moment sur le plan d'vne toise de long,
il tombera dans six momens sur le plan
long de six toises, & ainsi des autres iusques à l'infiny. Mais la proposition qui
suit semble vn peu plus difficile.

PROPOSITION IV.

Les temps des cheutes sur des plans égaux,
mais inégalement inclinez, sont entr'eux
en raison sous-doublee de leurs hauteurs,
prise à rebours.

VN exemple rendra cette propofition bien aifee à conceuoir: Soient
donc appliquez deux plans obliques au
poinct B de la perpendiculaire B D, dont
l'vne s'incline de 45 degrez, & l'autre de
20, & que B D foit la hauteur du moins
incliné, & B E celle du plus incliné ; la
raifon des temps , pendant lefquels
fe font les cheutes fur lefdits plans
inclinez, feront en mefme raifon que
B D à B I, prife à rebours : de forte
qu'il faut feulement trouuer la
moyenne proportionnelle B I, entre
B D & B E. Or D B à B I eft en raifon doublee de D B à B E. D'où il
conclud que le temps de la cheute
fur le plan de la hauteur de B E, eft
au temps de celle qui fe fait fur le plan de

meſme longueur, qui a la hauteur B D, comme D B eſt à B I.

ARTICLE III.

Contenant les propoſitions du mouuement depuis la V I. iuſques à la X I I.

CEt article contient l'explication des propoſitions de Galilée, depuis la 6 iuſques à la 12, mais parce que ie ne mets pas ſes figures, il ſe faut rendre fort attentif pour les entendre.

PROPOSITION V.

La raison des temps, pendant lesquels les cheutes se font sur des plans de differente inclination, longueur & hauteur, est composee de la raison de leurs longueurs, & de la raison alternatiue sousdoublee de leurs hauteurs, ou eleuations.

PROPOSITION VI.

Si l'on applique tant de plans que l'on voudra, soit au haut, ou au bas d'vn cercle perpendiculaire à l'orizon, les cheutes se feront en des temps égaux sur tous ces plans, à quelque partie de la circonferance qu'ils se puissent terminer.

CE qui s'entendra fort bien par la seconde figure de la septiesme addition faite aux Mechaniques de Galilée, où cette proposition a esté expliquee. Soit dōc le cercle B D A G esleué perpendiculairement sur l'orizon I K au poinct B : la

N üj

cheute du mobile ſe fera en meſme têps

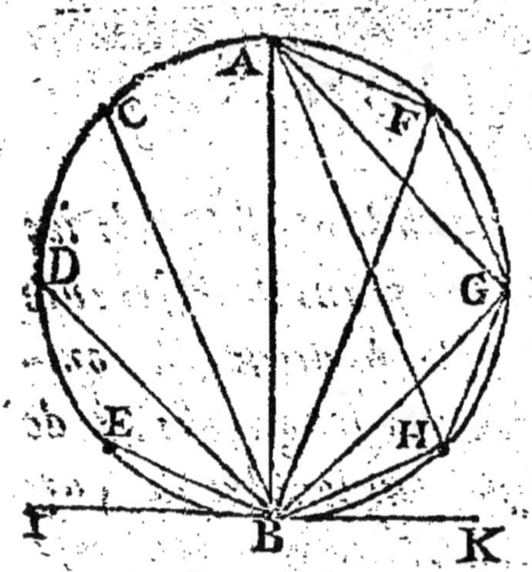

depuis A iuſques à B par le diametre, que par la ſouſtenduë A F, ou A G, ou A H, ou F B, ou G B, ou H B, de ſorte que quelque ligne que l'on tire du poinct A, ou du poinct B iuſques à la circonference du cercle, la cheute ſe fait touſiours ſur chacune dans vn meſme temps. D'où il s'enſuit que les plans ſur leſquels les deſcétes ſe font en temps eſgaux, lors qu'ils commencent au meſme poinct, comme ils font icy en A, ou en B, ſont dans le demicercle, dont le plan perpendiculaire eſt le diametre, comme eſt icy B A, & par conſequent que la ligne tiree de l'extremité inferieure du plan incliné, ſur l'extremité inferieure du perpendiculaire, fait vn angle droit auec ledit perpendiculaire, comme l'on voit aux deux figures de la huictieſme addition que nous auons faite aux Mechaniques de Galilée, laquelle il est à propos de relire icy, pour sçauoir la longueur du plan perpendiculaire, que feroit le mobile, lors qu'on sçait le plan incliné, ou au contraire. Et si du mesme poinct A l'on s'imagine vne infinité de plans qui descendent d'vn costé & d'autre du diametre A B, & que l'on arreste les boules qui auront descédu en téps esgaux, les points des arrests feront vn cercle parfait, par exemple, ils descriront le cercle A G B D; & parce que l'on peut les arrester plus ou moins loing du poinct A en raison donnee, ils descriront des cercles de telle grandeur qu'on voudra.

PROPOSITION VII.

Lors que les hauteurs des plans sont en raison doublee de leurs longueurs, les cheutes se font en temps égaux.

PAR exemple, si la hauteur de l'vn des plans inclinez à tel angle qu'on voudra, a deux pieds, & l'autre huict, & que l'vn desdits plans inclinez ait vn pied de long, & l'autre deux, les cheutes qui se feront dessus se feront en mesme têps, ou dans vn temps esgal, parce que leurs hauteurs 8 & 2 sont en raison doublee de leurs longueurs 2 & 1.

PROPOSITION VIII.

Si l'on considere les plans coupez par vn mesme cercle, ceux qui se terminent à l'extremité du diametre, soit en haut, ou en bas, requierent des temps égaux à celuy de la cheute par le diametre; mais quand les plans n'arriuent pas iusques au diametre, les temps sont plus courts ; & s'ils coupent le diametre en passant au delà, les temps sont plus longs.

CETTE proposition est si facile à entendre, si l'on comprend la sixiesme, qu'il n'est pas besoin de s'y arrester.

PROPOSITION IX.

*Si d'vn poinct pris en la ligne horizontale, l'on
incline des plans comme l'on voudra, qui
soient coupez par vne ligne qui fasse entr'eux des angles alternatinement égaux
aux angles compris par le mesme plan, &
par la ligne horizontale, les cheutes se feront en des temps égaux sur les parties des
plans coupez par ladite ligne.*

Q V E du poinct C, pris dans la ligne
horizontale L X, les deux plans C D
& C E inclinez soient tirez cóme on vou-

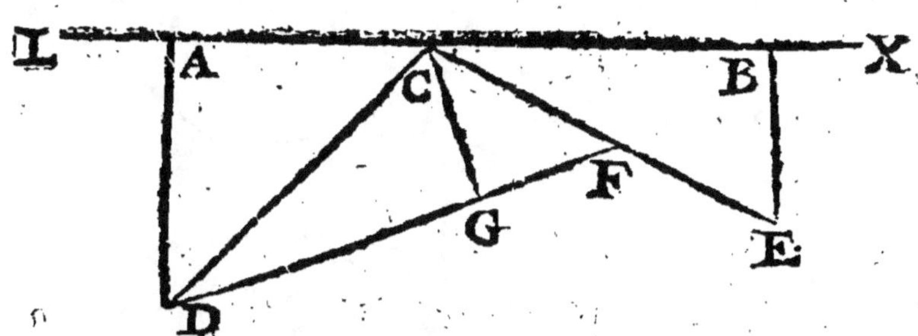

dra, & en tel poinct de CD qu'on voudra,
soit fait l'angle C D F, esgal à l'angle X
CE. Que D F coupe tellement le plan C
E en F, que les angles CDF, CFD, soiét
esgaux aux angles X C E, L C D pris al-
ternatiuement. Ie dis que les temps des
cheutes par CD & CF seront esgaux.

PROPOSITION X.

Les temps des cheutes, qui se font sur des plans d'egale hauteur, & differens en leurs inclinations, ont mesme raison entr'eux, que la longueur desdits plans ; soit que les cheutes commencent de leurs points de repos, ou qu'elles ayent esté precedees par d'autres cheutes de mesme hauteur.

PAr exemple, que les mobiles descendent par les plans A B C, & A B D, ius-

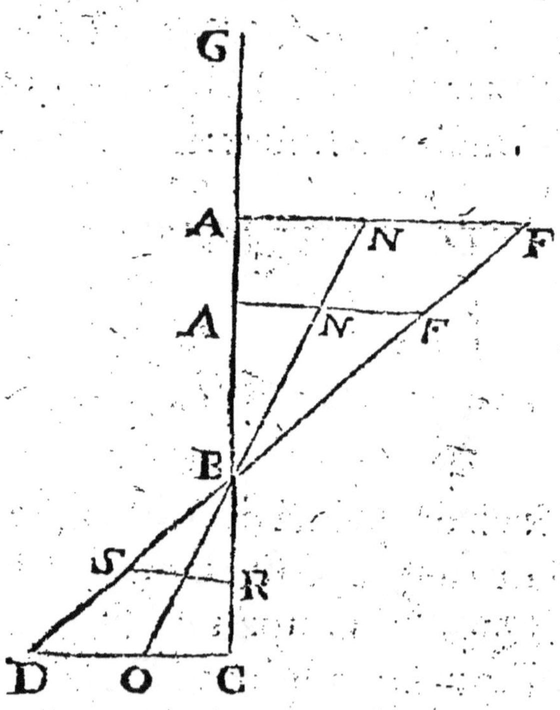

ques à l'orizon D C, de sorte que la cheute A B precede celle de B D, & de B C, ie

dis que le temps de la cheute par B D eſt
au temps de la cheute par B C, comme la
longueur B D à la longueur B C.

PROPOSITION XI.

*Le plan, ſur lequel ſe fait la cheute, depuis le
poinct du repos, eſtant diuiſé comme l'on
voudra, le temps de la cheute ſur la premiere partie, ſera à celuy qui ſe fait ſur la ſui-
uante, comme la premiere partie à l'excez,
par lequel elle eſt ſurmontee par la moyenne
proportionnelle entre le plan rotal, & cette
premiere partie.*

CE que i'explique par la ligne qui
ſuit, dans laquelle ſi l'on ſuppoſe
que la cheute ſe faſſe depuis le poinct A,
iuſques en D, ſi l'on diuiſe la ligne
A D comme l'on voudra, par exemple en B, & que C A ſoit moyenne
proportionnelle entre A D & A B,
C B ſera l'excez de la moyenne CA,
par deſſus la partie A B, ie dis que le
temps de la cheute par A B, eſt au
temps du reſte de la cheute par B D,
comme A B eſt à C B. Ce que ie de-
monſtre, parce que le temps de la
cheute par A D à celuy de la cheute par

A B, est comme A B à C A, donc en diuisant, le temps de la cheute par A B sera au temps de la cheute par B D, comme A B est à C B. Partant si l'on suppose que le temps de la cheute sur A B soit A B mesme, le temps de la cheute sur B D sera C B, ce qu'il falloit demonstrer.

ARTICLE IV.

Contenant les propositions des mouuemens, depuis la douziesme iusques à la quatorziesme.

PROPOSITION XII.

Si le plan perpendiculaire, & l'incliné sont coupez entre les mesmes lignes horizontales, & si l'on prend leurs moyens proportionnels, & ceux de leurs parties comprises entre la section commune, & par la ligne horizontale superieure, le temps de la cheute par le plan perpendiculaire sera à celuy de la cheute, qui se fait dans la partie superieure dudit plan perpendiculaire, & ensuite sur la partie inferieure du plan incliné, comme la longueur entiere du plan perpendiculaire, à la ligne composée de la moyenne proportionnelle prise dans le plan perpendiculaire, & de l'excez par lequel le plan total incliné surpasse sa moyenne proportionnelle.

S O 1 т l'orizon superieur A F, & l'inferieur CD, entre lesquels soient cou-

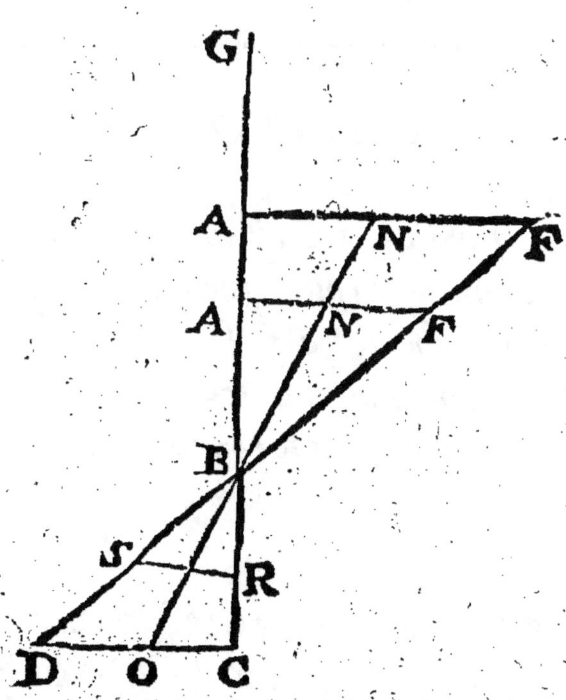

pez le plan perpendiculaire A C, & l'incliné D F au poinct B : & que AR soit

moyenne proportionnelle entre A C &
A B ; & femblablement F S foit moyen-
re proportionnelle entre B F & F B,ie dis
que le temps de la cheute par le plan A C
eft à celuy de la cheute par A B ioint à B
D, comme A C à A R iointe à S D,qui eft
l'excez du plan D F fur F S. Il arriue la
mefme chofe, fi au lieu du plan perpendiculaire A C, l'on prend tel autre plan
qu'on voudra, comme eft N O.

PROPOSITION XIII.

Le plan perpendiculaire eftant donné, luy appli-
quer tellement vn plan incliné de mefme hau-
teur, que la cheute fe faffe fur ce plan incliné
en mefme temps que fur ledit plan perpendicu-
laire, lors que la cheute commence de fon poinct
de repos.

SI dans la figure precedente l'on fait
que C O foit efgal à B C, & qu'ayant
mené la ligne B O, l'on fait que le plan B
D foit efgal à B O, & O C, B D fera le plan
fur lequel la cheute du mobile venant du

poinct de repos A, se fera en mesme
temps que la cheute d'A en B.

PROPOSITION XIV.

*Le plan perpendiculaire estant donné, & le plan
incliné dessus, trouuer vne partie dans le plan
superieur perpendiculaire, sur laquelle la cheute commençant du poinct du repos, se fasse en
mesme temps, qu'elle se fait sur le plan incliné
apres la cheute faite dans ladite partie de son
plan perpendiculaire.*

SOɪᴛ le plan perpendiculaire GC dans
la figure precedente, & que B D soit le
plan incliné qui luy est appliqué, l'on
trouuera dans le plan B G vne partie, sur
laquelle la cheute commençant du repos, se fera en temps esgal à celuy de la
cheute qui se continuera sur B D.

Soit menee l'horizontale C D, & que
comme C B plus la double de B D, est à
D B, ainsi soit D B à B S, & comme C B à
B D, ainsi soit S B à B F, & que du poinct
F soit menee la perpendiculaire F A, ie
dis que X est le poinct requis.

ARTICLE V.

*Contenant le refte des propofitions qui concernent
le mouuement naturel.*

CEt article contient tout ce qu'il y a
de plus excellent, & de plus necef-
faire dans le refte des propofitions de
Galilee, qui font iufques au nombre de
trente-huict, dont nous en auons donné
quatorze cy-deuant, de forte qu'il en
refte encore vingt-huict, dont la quin-
ziefme eft vn Probleme, qui fert pour
trouuer vne partie du plan perpendiculaire defcendant plus bas que le poinct
où commence le plan incliné, fur laquelle la cheute fe faffe en mefme temps que
fur le plan incliné, fur lequel le mobile
defcend apres auoir commencé fa defcente dans la partie fuperieure du plan
perpendiculaire.

La feiziefme eft vn Theoreme, qui
montre que fi les parties du plan incliné
& du perpendiculaire fur lefquelles les
cheutes fe font en mefme temps, font
iointes par vn mefme poinct, le mobile
venant

venant de telle autre plus grande hauteur que l'on voudra, parcourra pluſtoſt ladite partie du plan incliné, que celle du perpendiculaire : ce qui ſemble fort eſtrange.

La dixſeptieſme eſt vn Probleme, lequel enſeigne à trouuer dans vn plan donné, incliné ſur vn plan perpendiculaire donné, vne partie, ſur laquelle ſe faſſe la cheute du mobile, qui a commencé à ſe mouuoir par le plan perpendiculaite, en meſme temps, qu'il s'eſt meu depuis le poinct de ſon repos par ledit perpendiculaire.

La dix-huictieſme eſt vn autre Probleme, qui ſert pour trouuer dans le plan perpendiculaire, dont l'eſpace parcouru depuis le repos eſt donné, auec le temps de la cheute, vn autre eſpace dans le meſme plan perpendicnlaire, ſur lequel ſe faſſe la cheute en vn temps donné, qui ſoit moindre, que quelque autre temps moindre que le premier temps donné.

La dix-neufieſme eſt encore vn Probieme, qui ſert pour trouuer (apres auoir ſuppoſé vn eſpace donné tel qu'on voudra d'vn plan perpendiculaire auec le

O

temps de la cheute par iceluy, depuis le
repos) le temps, auquel se continuë la
cheute du mesme mobile par vn autre espace esgal, pris en tel lieu dudit perpendiculaire qu'on voudra.

La vingtiesme monstre à trouuer vn
espace vers la fin d'vn plan, qui soit parcouru en mesme temps, qu'vn autre espace parcouru dés le commencement
dudit plan : ce qui est aisé, car si dans le
plan C B, le temps de la cheute par C D
est donné, l'on trouuera que A B est
l'espace vers la fin du mesme plan,
par lequel la cheute continuee se
fera en mesme temps que par D C, lequel est le lieu du repos. Et pour ce
sujet, il faut trouuer la moyéne proportionnelle entre B C & C D, laquelle soit B A, & puis la troisiesme
proportionnelle de B C, C A, laquel-
quelle est C E.

Or l'on demonstre que A B est l'espace cherché en cette maniere. Si
l'on suppose que le temps de la cheute par C B, soit côme C B, la moyenne proportionnelle B A sera le temps
de la cheute par C D; & parce que C A

est moyenne proportionnelle entre B C,
C E : C A, sera l e temps de la cheute par
C E, or le plan entier B C est le temps de
la cheute par B C, donc B A, qui a resté,
sera le temps de la cheute par E B apres la
cheute depuis C. Mais le mesme espace B
A estoit le téps de la cheute par C D, dóc
les cheutes sont esgales par C E & E B.

La vingt-vniesme est vn Theoreme,
lequel enseigne, que quand la cheute se
fait de son point de repos sur le plan perpendiculaire, dans lequel on prend vne
partie parcouruë depuis le repos, en tel
temps qu'on voudra, apres laquelle la
cheute continuë à se faire par vn plan incliné comme l'on voudra, l'espace parcouru sur ce plan, en mesme temps que le
plan precedent, est plus que double, &
moins que triple dudit espace parcouru.
Il faut conclure la mesme chose des
cheutes qui se font sur deux plans inclinez, dont le premier est moins incliné, &
le second l'est dauantage.

La vingt-deuxiesme est vn Probleme,
lequel ayant supposé deux temps inesgaux, & vn espace dans le plan perpendiculaire, parcouru depuis le repos du

faut le moindre de ces deux temps, enſeigne à fleſchir vn plan, commençant au
haut du perpendiculaire, & finiſſant à l'o-
rizon, par lequel le mobile tombe durant
l'autre temps le plus long.

La vingt-troiſieſme eſt encore vn Probleme, qui monſtre comme il faut tellement fleſchir vn plan depuis la fin du
perpendiculaire, ſur lequel on a pris vn
eſpace parcouru en tel temps qu'on veut,
depuis le repos, que la cheute ſe continuë ſur ledit plan fléchy, ou incliné, en
telle ſorte que le mobile y parcoure vn
eſpace eſgal, à tel autre eſpace que l'on
voudra, & ce en meſme temps que la
cheute s'eſt faite ſur ce plan perpendiculaire, pourueu que cét eſpace ſoit plus
grand que le double, & moindre que le
triple de l'eſpace perpendilaire.

Galilee conclud de fort belles choſes
dans le ſcholie de cette propoſition, có-

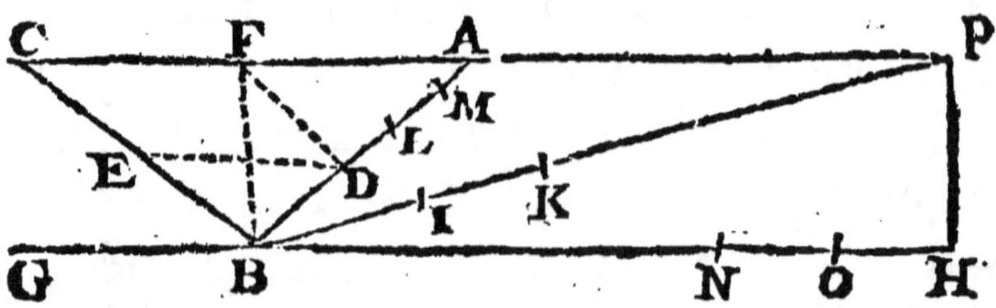

me l'on void dans cette figure, CH, dans

laquelle soient les plans P B, & A B inclinez, sur l'orizon G N, la boule qui
roulera d'A en B, acquiert en B vne impetuosité qui la fait remonter aussi haut
en C : & si elle redescend de C en B, elle
conçoit vne impetuosité qui la fera encore remonter au poinct A par le plan B A,
ou par l'autre plan B P, c'est à dire à mesme hauteur de l'orison, dont elle est descenduë : de sorte que cette boule est
semblable à l'eau qui remonte aussi haut
que sa source, comme l'on void dans le
siphon : or si au lieu de descendre d'A
iusques en B, elle conuertissoit son mouuement par l'orison de D en E, elle feroit
vn interualle deux fois plus grand que A
D surD E prolongé ; mais si elle rouloit
de C en B, & qu'apres elle roulast sur l'o-
rison BH, elle iroit de B en O en mesme
temps qu'elle est descenduë de C en B.
parce que B O est double de C B, & si ledit plan B H estoit prolongé à l'infiny, elle rouleroit tousiours dessus de mesme
vistesse, sans iamais finir son mouuement. Et comme en descendant d'A en
D, & rencontrant le plan D F, elle mon-
teroit iusques à F, si elle rouloit de D en

E, elle auroit la mesme impetuosité en E, qu'en D, & par eonsequent elle remonteroit iusques en C. D'où il s'ensuit que la boule qui apres estre tombee de C en B, remonte iusques en A, ou en P, redescend autant par sa pesanteur en montant, côme elle est descenduë de C en B : car si sa pesanteur n'agissoit nullement, elle seroit en montant sur le plan B A vn espace double de C B, en vn temps esgal à celuy qu'elle a employé à descendre de C B ; de sorte que la montee de B en A, ou de B en P, est composee de deux mouuemens esgaux, dont l'vn descend suiuant la raison de la vistesse des cheutes, dont nous auons parlé, & l'autre qui continuëroit tousiours la vitesse de l'impetuosité aequise en B, perd la moitié de cette impetuosité, depuis B iusques à A, c'est pourquoy elle ne môte que iusqu'en A.

Prop. 24. Th. 15. Le plan perpendiculaire estant donné entre deux lignes horizontales paralleles, & le plan oblique esleué depuis l'extremité inferieure dudit perpendiculaire, l'espace que fait le mobile sur le plan incliné en mesme téps qu'il tombe par ledit perpendiculaire, est plus grand que le perpendiculaire , & toutefois il est moindre que le double du perpendiculaire.

Dans la figure precedente, entre les paralleles horizontales C A & G N, soit la perpendiculaire F B, & le plan esleué B A, sur lequel la boule estant tombee de F en B, remonte vers A; ie dis que l'espace, par lequel la boule monte dans vn temps esgal à celuy de sa cheute de F en B, est plus grand que F B, & moindre que le double de F B. Que B L, soit esgal à F B, & que L A soit a M A, comme B A à L A, M est le poinct iusques où elle remontera en temps esgal : or B M est plus grand que F B, mais moindre que le double de F B.

Prop. 25. Theor. 16. Si la cheute qui se fait sur vn plan incliné, continuë sur le plan horizontal, le temps de la cheute par le plan incliné sera au mouuement sur l'orizontal, comme la double longueur du plan incliné à la ligne de l'orizon.

Prop. 26. Probl. 10. Vn plan perpendiculaire entre deux lignes paralleles horizontales estant donné, & vn espace

plus grand que ledit perpendiculaire
estant donné, pourueu qu'il ne soit pas
deux fois si long que ledit perpendiculaire, esleuer vn plan incliné depuis l'extremité inferieure du perpendiculaire entre
les mesmes horizontales, sur lequel le
mobile estant tombé par le perpendiculaire, fasse vn espace esgal, (en se reflef-
chissant en haut) en temps esgal à l'espace & au temps de la cheute par le plan
perpendiculaire.

Soit entre les mesmes horizontales le
plan perpendiculaire F B, dans la figure precedente ; & que R V soit plus grande que F B, & neantmoins moindre que
deux fois F B; l'on trouuera le plan cherché, qui s'esleuera du poinct B entre lesdites horizontales, sur lequel le mobile
estant tombé de F en B, se refleschira de

Q					R		S		T	V

B vers P, dans le temps esgal de la cheute
de F B, en faisant le chemin esgal à R V,
en cette maniere. Que V S soit esgale à
F B, le reste S R sera moindre que F B,
puisque R V est moindre que le double

de F B. Que S T foit efgale à S R, & que
comme V T à T S, ainfi S R à R Q: & que
de B foit efleuee le plan B P efgal à V Q,
ie dis que ce plan eft le cherché. Car
foient B I, I K efgales à V S, S R, puifque
V T eft à T S, comme S R à R Q, V S fera
à S T en compofant, comme S Q à Q R;
c'eft à dire comme V S eft à S R, ainfi S Q
à Q R, ou comme B P à P I, ainfi I P à P K.
Or fi le temps par F B eft F B, P B fera le
temps du mouuement par P B, & T P le
temps par P K; & le refte B I fera le temps
par K P, lors que le mobile tombe de P
en B. Mais le temps de la cheute par K B
du poinct de repos P, eft efgal au temps
de la montee de B en K, apres la cheute
par F B, donc P B eft le plan efleué du
poinct B, fur lequel le mobile venant du
poinct F en B, parcourt dans le temps B I,
ou B F, l'efpace B K efgal à l'efpace donné V R; ce qu'il falloit faire.

Prop. 27. Theor. 17. Lors que le mobile defcend fur des plans inefgaux de
mefme hauteur, l'efpace que parcourt
le mobile vers la fin du plan plus long,
dans le mefme temps qu'il parcourt le
plus court, eft efgal à l'efpace compofé

dudit plan plus court, & de la partie, à laquelle ce plan a mesme raison, que le plus long à l'excez par lequel il surpasse le plus court.

Ce que i'explique par cette figure,

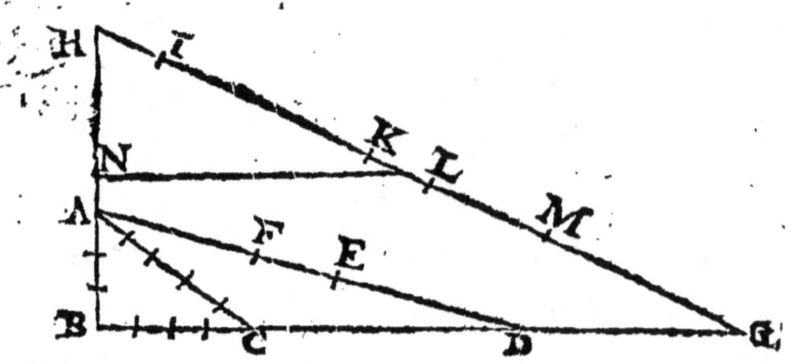

dans laquelle le plus grand plan est A D, & le moindre A C de mesme hauteur ; si l'on prend depuis l'extremité D, D E esgal à C A, & que D E ait mesme raison à E F, que D A à A E, (qui est l'excez de D A par dessus A C) ie dis que l'espace F D est parcouru par le mobile tombant de A dans vn temps esgal à celuy qu'il employe à descendre par A C.

Prop. 28. Theor. 18. Que la ligne horizontale A B touche le cercle, & du poinct d'attouchement A soit descrit le diametre A E ; & soient aussi descrites les deux chordes, ou soustentantes telles qu'on voudra, comme sont A C E. Si l'on veut sçauoir qu'elle proportion il y a du temps de la descente par AE au temps de la cheute par les deux chordes A CE, & que E C soit prolongee iusques à la tangente en B, & que l'angle E A

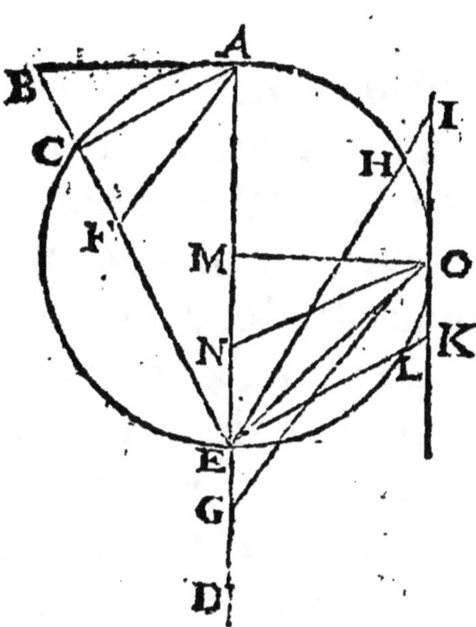

C soit diuisé par la moitié, par la ligne A F. ie dis que le temps de la descente par A E, est au temps par A C E, comme AC à A C F.

Prop. 29. Vn espace horizontal estant donné, sur lequel soit esleué vn plan perpendiculaire, duquel on prenne vne partie sous-double dudit plan horizontal, le mobile descendant de cette hauteur, lequel continuëra son mouuement sur le plan horizontal, parcourra cét espace horizontal auec ledit perpendiculaire, en moins de temps que tel autre partie qu'on voudra, plus ou moins grande du plan perpendiculaire, auec le meſme eſpace horizontal.

Prop. 30. Si vn plan perpendiculaire deſcend de quelque poinct de l'horizontal, & que d'vn autre poinct de l'horizontal il falle mener vn plan incliné iuſques au perpendiculaire, ſur lequel incliné, le mobile deſcend iuſques au perpendiculaire dans le moindre de tous les temps, ce plan coupera vne partie du plan perpendiculaire, eſgal à la diſtance que le poinct pris dans le plan horizontal, a dans l'extremité du perpendiculaire.

Ce que i'explique par la figure precedente, car ſoit le plan perpendiculaire M D deſcendant du poinct M, du poinct horizontal M D, & que M E ſoit eſgal à M O, & puis ſoit menée la ligne O E; ie dis que ce plan O E eſt celuy, ſur lequel la deſcente ſe fera en moins de temps, que ſur aucun autre qui puiſſe eſtre. Car la cheute de I en E, & de O en G, & de K en E, dure plus long-temps, puiſque la cheute qui ſe fait des poincts H, & L en E, ſe fait en meſme temps que celle depuis O iuſques en E. Quant au plan O N, puis qu'il eſt parallele à K E, & de meſme inclination, a raiſon que la tangente I K eſt parallele au plan perpendiculaire M D, il eſt éuident que ſa cheute dure autant que celle de K en E, & partant la cheute ſe fait d'O en E dans vn moindre temps que ſur tous leſdits plans.

Prop. 31. Theor. 20. Si l'on tire vne ligne inclinee ſur l'horizon, telle que l'on voudra, le plan qui ſera mené dépuis le poinct marqué ſur l'horizon iuſques au plan incliné, & ſur lequel la deſcente ſe doit faire dans le temps le plus court, eſt celuy qui diuiſe par la moitié l'angle cópris par les deux perpédiculaires menees du poinct ſuſdit, l'vne à la ligne horizontale, & l'autre à la la ligne inclinee.

Prop. 32. Theor. 21. Si l'on préd deux poincts dans l'horizon, & que de chacun d'iceux l'on incline telle ligne qu'on voudra vers l'vn ou l'autre; d'où par apres l'on mene vne ligne droicte à l'inclinee, dont elle retranche vne partie eſgale à celle qui eſt entre les poincts de l'horizon, la cheute s'y fera plus viſte que par quelque autre ſorte de ligne droicte qui ſe puiſſe mener du meſme poinct à la meſ-

me incline. Et és autres qui en sont esloignees d'vn costé & d'autre par des angles
esgaux, les cheutes se font en des temps
égaux.

Prop 33. Probl. 12. Le plan perpendiculaire & le plan incliné sur luy estans
dónez de mesme hauteur, dont le poinct
superieur soit le mesme, trouuer vn point
dans le plan perpendiculaire prolongé,
plus haut, dont la cheute du mobile se
mouuant apres sur le plan incliné, se fasse
sur ce plan en mesme temps, qu'il par-
courroit le mesme plan perpendiculaire,
en commençant au poinct du repos.

Prop. 34. Probl. 13. Le plan incliné &
le perpendiculaire estans donnez, & cô-
mençant à vn mesme poinct superieur,
trouuer vn poinct plus haut dans le per-
pédiculaire prolongé, d'où le mobile tô-
bant, & continuant sa cheute par le plan
incliné, parcoure l'vn & l'autre en mesme temps, qu'il parcourt le seul plan incliné, lors que la cheute commence de
son repos au haut dudit poinct.

Prop. 35. Probl. 14. Le plan incliné
appliqué au perpendiculaire, estant donné, y trouuer vne partie, dans laquelle

seule la cheute se fasse, depuis le repos, en mesme temps, qu'elle se fait sur elle, iointe au perpendiculaire.

Prop. 36. Theor. 22. Si dans vn cercle esleué sur l'horizon l'on esleue vn plan qui ne souftende point vne plus grande partie de cercle, que le quart, de sorte que l'on mene de ses extremitez deux autres plans à tel poinct de la circonference qu'on voudra, la cheute se fera plustoft par ces deux plás inclinez, que dans le seul premier esleué, ou que dans l'vn ou l'autre d'iceux, à sçauoir dans l'inferieur.

Prop. 37. Probl. 15. Le perpendiculaire & l'incliné estans donnez, de mesme hauteur, trouuer vne partie dans l'incliné esgale au perpendiculaire, laquelle soit parcouruë en mesme temps que luy.

Prop. 38, Probl. 16, Deux plans horizontaux coupez par le perpendiculaire, estans donnez, trouuer vn poinct vers le haut du perpendiculaire : d'où les mobiles tombans & continuans leurs mouuemens sur les plans horizontaux, ils parcourent en des temps esgaux à ceux durant lesquels se font les cheutes sur le

plan horizontal fuperieur, & fur l'inferieur, des efpaces qui ayent telle raifon
entr'eux qu'on voudra.

Voila toutes les propofitions qui ap-
partiennent au mouuement naturel des
corps pefans, qui tombent vers le centre,
tant perpendiculairement que fur tel
plan incliné que l'on voudra, dont nous
pourrons vne autre fois adioufter les de-
monftrations auec toutes les figures ne-
ceffaires à ce fujet. Mais pour peu que
que l'on y ait compris, l'on en fçaura affez pour entendre le Liure qui fuit.

Fin du quatriefme Liure.

LIVRE CINQVIESME.
DES NOVVELLES
PENSEES DE GALILEE.

DES MOVVEMENTS
violents.

ARTICLE PREMIER.

De la figure descrite par les mouuements violents.

IL faut icy supposer que le mouuement violent de toutes sortes des missiles, comme est celuy d'vne pierre qu'on iette, ou d'vn boulet de canon, d'vne flecche, &c est composé du mouuement esgal, dont nous auons parlé dans le troisiesme Liure, & du

P.

mouuement naturel, qui augmente fes
degrez fuiuant la proportion expliquée
dans le troifiefme Liure. Or i'appelle
miffile, ce qui eft ietté par force, foit
auec la main, la fonde, l'arc, l'harquebufe, ou autrement : cecy pofé, voyons les
propofitions de noftre Liure.

PROPOSITION I.

Lors que le mouuement du miffile eft compofé
du mouuement horizontal efgal en toutes
fes parties, & du mouuement naturel qui
hafte fa courfe vers le centre de la terre, il
defcrit vne demie parabole par fon mouue-
ment.

POVR entendre cette Propofition
fondamentale, & celles qui fuiuent
apres, il faut remarquer qu'vne boule
pouffee fur vn plan horizontal iroit toufiours de mefme viteffe, parce qu'eftant
toufiours efgalement efloignee du centre de la terre, elle n'a nul fujet d'augmenter fon mouuement, lequel dureroit
toufiours s'il ne rencontroit nul empef-

chement : De là vient que Galilee s'eſt
imaginé que la terre ſe meut touſiours
d'vne eſgale viteſſe autour de ſon centre,
par ſon mouuement iournalier : de ſorte qu'vne boule conſerue touſiours le
meſme degré de mouuement ſur le plan
horizontal qu'elle s'eſt acquis en deſcendant par le plan perpendiculaire , ou par
vn plan incliné. Car Galilee ſuppoſe
qu'il n'y ait point d'air, ny d'autre choſe
qui puiſſe empeſcher l'eſgalité horizontale de ce mouuement.

Cecy poſé , il explique la precedente
Propoſition par cette figure, qui ſeruira
pour entendre tout ce Liure. Soit donc
O B H G le plan horizontal, ſur lequel le
miſſile ſe meuue d'vn mouuement eſgal,
de ſorte qu'il commence à perdre cét horizon en B, & qu'au lieu de pourſuiure
par H F, L, &c. il commence à deſcendre au poinct B par la ligne B P, ou B I,
à cauſe de ſa peſanteur naturelle, qui l'a-
baiſſe vers le centre C, en paſſant par I,
M & N iuſques à D, ou le miſſile trouue
le plan horizontal, c'eſt à dire la terre qui
l'empeſche de paſſer outre. Ie dis que le
miſſile deſcrira la ligne parabolique B I

MND, au lieu qu'il iroit par la ligne ho-

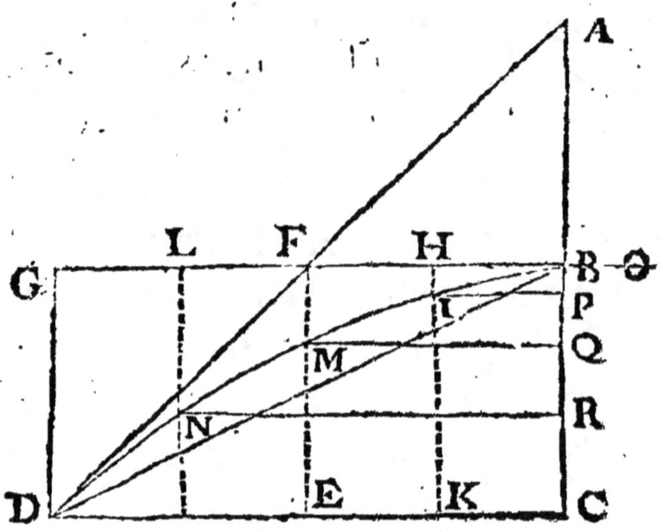

rizontale B G, ſi B G eſtoit vn plan horizontal dur & ferme qui ſouſtint le mobile

Or pour mieux entendre cecy, faiſons
que l'horiſon B G ſoit diuiſé en quatre
parties eſgales, par les poincts H, F, E, &
que de ces poincts ſoient menees des lignes paralleles à B C, ſur le plan D C.
Cecy eſtant poſé, ie prends H I, qui reſ-
pond à B P dans la perpendiculaire B C,
pour la cheute naturelle que fait le miſſile
vers K, tandis qu'il ſe meut de B en H.
Et puis ie prends le quadruple de H I, à
ſçauoir F M ; & I N le noncuple, & finalement le ſexdecuple C D, à raiſon qu'és

quatre temps esgaux representez par les
quatre espaces esgaux de l'horizon B G,
ou C D, esquels il faut conceuoir que le
mobile se meut d'vn mouuement esgal,
il est constant, par le Liure precedent, que
le mobile haste sa course vers le centre
de la terre, suiuant les nombres quarrez
qui se suiuent immediatement , depuis
l'vnité , à sçauoir, 1, 4, 9, 16, &c c'est à
dire suiuant les quarrez des temps esgaux B H, H F, F L, & L G, ou en raison
doublee de ces espaces : car à chaque
moment le missile descend par des espaces qui suiuent les nombres impairs depuis l'vnité, à sçauoir, 1, 3, 5, 7, &c. lesquels estans adioustez font lesdits quarrez.

Quant aux lignes menees des poincts
I, M, N, D. paralleles à B G, & perpendiculaires à B C, qui aboutissent aux points
P, Q. R, C, elles font des espaces esgaux
à H I, F M, L N, & G D, pour monstrer la
proportion de la cheute perpendiculaire par la ligne B C.

Surquoy il faut encore remarquer
que le quarré D C, qui est la plus grande
des ordonnees de cette parabole, est au

quarré R N, comme la ligne C B à R B;
le quarré R N au quarré Q M, comme
R B à Q B; & finalement que le quarré Q
M est au quarré I P, comme Q B à P B;
d'où l'on conclud que les poincts I, M, N,
& D, passent par la parabole B I M N D:
& par consequent que le mobile pesant
consideré dans le vuide sans aucun empeschement, (comme Galilee le considere) estant ietté par quelque force que
ce soit, descrit la moitié d'vne parabole,
dont la base ou la derniere ordonnee se
termine sur la terre au poinct D; & est
plus ou moins grande suiuant que la force dont l'on iette le mobile, est plus ou
moins grande.

ARTICLE II.

Des empeschemens de l'air qui rompt la fi-
gure parabolique.

IL est certain que les missiles ne font pas
des paraboles parfaites par leurs mouuemens, comme l'on s'imagine dans le
vuide, à raison de l'empeschement de

l’air, qui empefche premierement la proportion des vitefles, que nous auons
eftablies dans les mouuemens naturels:
car l’experience fait voir que chaque
corps qui defcend, perd dauantage de
cette vitefle, quand il eft moins pefant,
fuiuant la refiftance de l air : de forte que
la ligne parabolique des miffiles eft dautant plus imparfaite que les corps font
plus legers, car ils font pluftoft reduits à
vn mouuement efgal, lequel ne s’augmente plus apres vn certain efpace. En
fecond lieu, l’air empefche l’efgalité du
mouuement horizontal, de forte qu’au
lieu que le miffile iroit auffi vifte à la fin
qu’au commencement, fi on le iettoit dãs
le vuide, il va beaucoup plus lentement
dans l’air fur la fin de fon mouuement.

Neantmoins fi l’on vfe des corps fort
pefans & ronds dans les experiences, côme font les bales de plomb, il pretend
que l’air empefchera fort peu la ligne parabolique, puifque nous voyons qu’és
defcentes des boules de bois dix ou douze fois plus legeres que celles de plomb,
l’air y apporte fi peu de difference, que
dans la hauteur de cent ou deux cens

braſſes, elle eſt fort peu ſenſible & remar-
quable, dont il a eſté parlé ſi amplement
depuis l'onzieſme Article du premier Liure, iuſques au vingtieſme, qu'il n'eſt pas
beſoin d'y rien adiouſter : car nous y
auons parlé des poids attachez aux chordes, & des autres mouuemens, & de
l'empeſchement de l'air. Quoy qu'il en
ſoit, Galilee pretend que le mouuement
des fleches, des pierres & des autres miſſiles, n'alterent gueres la figure parabolique de leur mouuement; Voyons les autres Propoſitions, qui ſeruent pour la
conſtruction d'vne table, laquelle monſtre la grandeur des volees de canon, ſuiuant les differens degrez d'eleuation,
pourueu que l'on conſidere touſiours
leur mouuement dans le vuide, & ſans
aucun empeſchement.

ARTICLE III.

Contenant l'explication de la deux & troisief-
me Proposition de Galilee.

CE t Article est fort vtile, à raison
des belles speculations qu'il côn-
tient, dont la premiere se void dans la
deuxiesme Proposition qui suit.

PROPOSITION II.

Lors qu'vn mobile se meut de deux mouue-
mens esgaux, dont l'vn est horizontal, &
l'autre perpendiculaire, l'impetuosité du
mouuement composé des deux est esgale en
puissance aux deux impetuositez des deux
mouuemens.

CE que i'explique par cette figure
prise de la huictiesme addition des
Mechaniques; car si l'on conçoit que le
mobile se meuue par la perpendiculaire
A C, tandis qu'il se meut par l'horizon-

tale C B, il est euident qu'il descrira la
diagonale A B, & par con-
sequent que les deux impetuositez des deux mouue-
mens par A C & C B, com-
poseront vne troisiesme impetuosité, qui sera aux deux

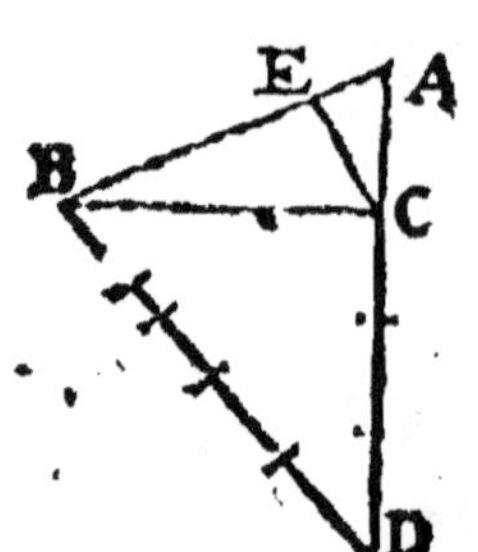

precedentes, comme A B est à A C & C
B. Ie ne repete point ce qui a esté dit de
l'vsage des autres lignes de cette figure
dans ladite addition. Mais parce que le
mouuement des missiles n'est pas composé de deux mouuemens esgaux, mais
de l'esgal horizontal par C B, & de celuy
qui augmente sa vitesse par A C, & qui
luy fait descrire la parabole, dont i'ay
parlé dans la proposition precedente: il
faut vser d'vne autre maniere pour trouuer l'impetuosité du missile en tel poinct
de la parabole qu'on voudra : c'est à
quoy seruent les Prositions qui suiuent.

PROPOSITION III.

QVe le mouuement se fasse par la ligne AB du poinct de repos A; dans

laquelle soit pris tel poinct qu'on vou-
dra côme C, 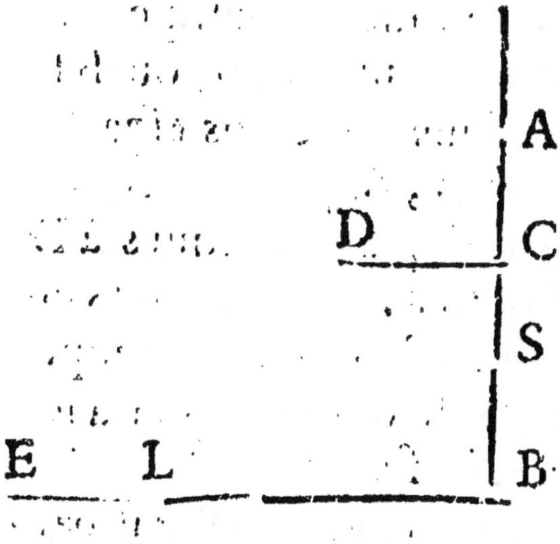
& que A C,
A soit la mesure
du temps par
C A C, & de
l'impetuosité
S acquise en C
par la cheute
B depuis A. De
rechef, soit
pris dans la mesme ligne A B, tel autre
poinct qu'on voudra, comme B, duquel
l'on trouuera l'impetuosité acquise depuis A iusques à B, & par consequent la
raison de l'impetuosité B à celle de C,
dont la mesure est A C, en trouuant la
moyenne proportionnelle A S, laquelle
monstre que l'impetuosité de B est à celle
de C, comme A C à S A.

Cecy posé, voicy ce que l'on en conclud. Soit C D double de A C, & B E
double de B A, puis qu'il a esté demonstré dans le Liure precedent, que le mobile quittant le perpendiculaire, fait
deux fois autant de chemin en mesme
temps, que celuy qu'il a fait dans le per-

pendiculaire; il s'enfuit que le mobile qui quitte A C au poinct C ou B, pour aller fur le plan horizontal C D, ou B E, fait C D, ou B E dans vn temps efgal au temps A C, ou A B, & par confequent que l'impetuofité depuis C iufques à D, ou depuis B iufques à E, eft toufiours efgale à l'impetuofité C, ou B, car l'impetuofité, & le degré de viteffe fe prend icy pour vne mefme chofe.

D'où il eft euident que B E eft parcouru durant le temps A S. Et fi le temps S A, au temps C A eft comme E B à L B, puifque le mouuemẽt par B E eft efgal, L B fera parcouru dans le temps A C, & aura l'impetuofité de B. Mais C D eft parcouru en mefme temps par l'impetuofité C: donc l'impetuofité de C eft à celle de B, comme B C à B L.

Et parce que comme D C à B E, ainfi leurs moitiez C A à A B. & comme E B à B L, ainfi B A à S A: donc comme D C à B L, ainfi C A à S A, c'eft à dire comme l'impetuofité de C à celle de B, ainfi C A à S A, c'eft à dire le temps par A C, au temps par A B. Par où l'on a le moyen de mefurer toutes fortes d'impetuofitéz, ou

de vitesses dans la ligne de la descente
des corps pesans.

*Vray moyen de mesurer la force ou l'impetuo-
sité des Missiles.*

PVisque leur mouuement est composé
de l'esgal, & du naturel, & que l'esgal peut auoir vne infinité de differentes
vitesses, & impetuositez, il est assez à propos de mesurer l'esgal par le naturel, ce
que ie fais entendre par la figure de la
premiere Proposition.

Soit donc B C perpendiculaire à l'horizon D C, & que B C soit la hauteur de
la demie parabole B D, & D C la largeur,
laquelle Galilee nomme *amplitude.* Or
cette largeur est produite par le mouuement du mobile qui descend par B C en
hastant sa cheute depuis son poinct de
repos B iusques à C, suiuant la proportion precedente, & par l'horizontal B G,
lequel est esgal : de sorte que l'impetuosité acquise en C, est determinee par la longueur A C, puis qu'elle est tousiours esgale, toutes & quantes fois que la cheute le fait de mesme hauteur; mais le mou-

uement horizontal estant capable d'vne

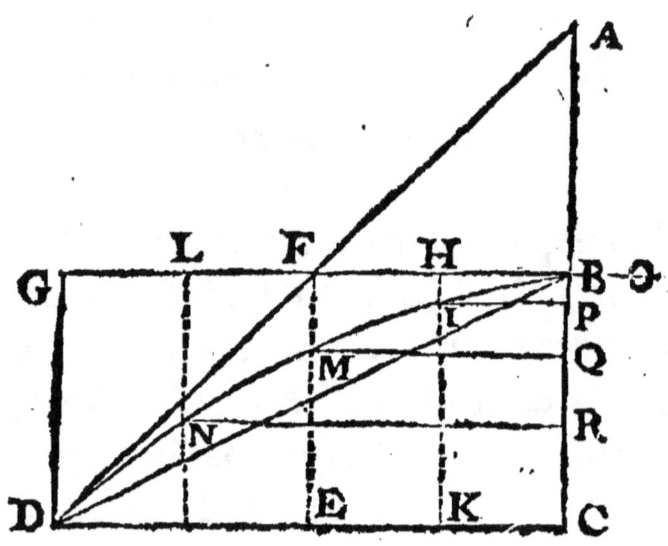

infinité de differences, il faut prendre la
perpendiculaire C B, & la prolonger en
haut vers A tant que l'on voudra, & qu il
sera necessaire pour donner au mobile là
vitesse qu'il doit auoir dans la ligne horizontale B G, sur laquelle il retient tous-
jours la mesme impetuosité qu il aura acquise au poinct B en tombant de la
hauteur donnee A.

Mais afin de proceder plus clairemét,
nous appellerons cette ligne depuis B
iusques à A, *sublimité*, afin de la distinguer d'auec la hauteur B C, qui est l'axe
de la demie parabole B D. Ie laisse main-

tenant la penfee de Galilee touchant la defcente naturelle des corps cceleftes en droicte ligne, afin d'acquerir la viteffe dont ils fe tornent, eftant fort aifé de trouuer la fublimité, dont ils ont deu tóber, pour conuertir apres leur mouuement droict en rond, dautant que i'en ay parlé fort amplement dans le deuxiefme Liure des Mouuemens harmoniques, Propofition fixiefme, où l'on void le calcul de tout ce qui fe peut dire fur ce fujet.

ARTICLE IV.

De la maniere de determiner l'impetuofité en chaque poinct de la parabole donnee.

PROPOSITION IV.

SOIT encore la demie parabole BD, fa largeur DC, & fa hauteur BC, laquelle eftant prolongee rencontre la tagente de la parabole DA au poinct A, & foit menee par le fommet B la parallele à l'horizon BF. Si la largeur CD eft efga-

le à toute la hauteur C A, B F sera esgale
à B A, ou B C. Posons que B A soit la
mesure du temps de la cheute par A B, &
de l'impetuosité acquise en B, D C (c'est
à dire la double de B F) sera l'espace parcouru en mesme temps par l'impetuosité
A B, changee en mouuement horizontal. Or le mobile tombant en mesme
temps par B C du repos B, parcourt B C,
donc le mobile venant du repos A iufques en B, fait l'espace C D par son changement sur l'horizon; Et si l'on prend la
cheute par BC, il descrit la parabole B D,
dont l'impetuosité en C est composee de
l'horizontale, esgale à l'impetuosité A B,
& de l'autre impetuosité acquise par la
cheute B C au poinct C, & ces deux impetuositez sont esgales : de sorte que si
A B est la mesure de l'vne, & B F de l'autre, la souftenduë F A sera l'impetuosité
composee des deux precedentes ; & par
consequent F A monstre la force du coup
de canon qui se feroit en D. Il est aisé de
determiner les impetuositez de tous les
autres poincts de la parabole, par exemple, celuy du poinct N, ou M, &c.

Remarque

Remarque pour la mesure inuariable des impetuositez.

IE suppose premierement que le mobile tombe dans le temps d'vne seconde minute, de la hauteur d'vne picque, comme elle tombe en effect de la hauteur de douze pieds; & partant nous conceurons touſiours la pique de douze pieds, laquelle nous ſeruira pour trois ſortes de meſures, à ſçauoir pour le temps, l'eſpace, & l'impetuoſité. Soit donc A B noſtre meſure inuariable, quoy qu'au lieu d'vne picque on la puiſſe imaginer d'vne lieuë, ou de telle autre hauteur qu'on voudra. Cecy poſé, ſi l'on veut ſçauoir l'impetuoſité de la cheute de B en C, par le rapport au temps & à l'impetuoſité par A B, il faut prendre la moyenne proportionnelle entre A C, & A B, à ſçauoir A D; car le temps de la deſcente par AC, ſera comme A D, comparé à B A, ce qu'il faut auſſi conclure de la viteſſe, ou de l'impetuoſité, qui croiſt en meſme proportion que le temps.

Q.

Mais il faut icy remarquer soigneusement que la diagonale, dont nous auons parlé, sert seulement pour sçauoir la force de l'impetuosité, lors que le mouuement perpendiculaire est aussi bien esgal que l'horizontal, par exemple, dans le triangle A B C, si le mobile descendant d'A en C esgalement, a trois degrez de vitesse ou de force en C,

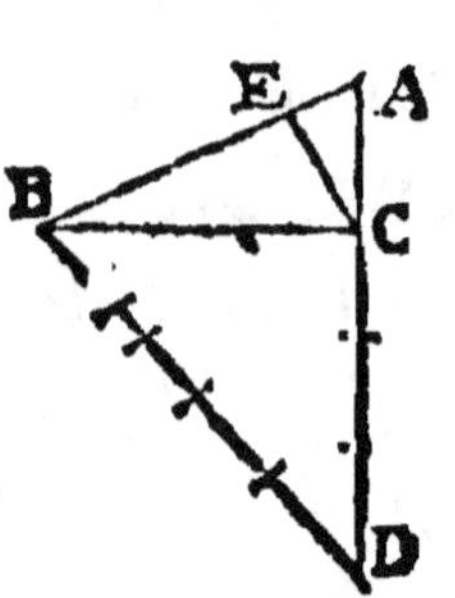

& qu'il en ait quatre allant aussi également de C en B, la diagonale A B representera la force ou la vitesse composee, non côme sept, qui est composé de quatre & de trois, que ie suppose representer les deux costez B C & C A dudit triangle, mais comme cinq, qui est la puissance de quatre & trois, puisqu'il fait vingt cinq pour son quarré esgal aux deux quarrez de quatre & trois, c'est à dire neuf & seize. Et parce que ces deux mouuemens sont égaux, le mobile passant par la diagonale A B, a tousiours vne force & vne impetuosité esgale; laquelle s'augmente dans la ligne parabolique, à cause que le mouuement naturel du mobile qui descend, augmen-

te touſiours ſa viſteſſe. C'eſt pourquoy il
faut y proceder d'vne autre maniere.

Par exemple, ſi la hauteur B C de ladite parabole B D, eſtoit moindre que la
ſublimité B A, il faudroit prendre la
moyenne proportionnelle entre ſa hauteur & ſa ſublimité, & la porter ſur l'horizontale B G : car la diagonale tirée de
ſon extremité iuſques à A, par exemple
F G, donneroit la quantité de l'impetuoſité qu'à le mobile à l'extremité de la parabole, c'eſt à dire en D.

Il faut neantmoins remarquer que
l'impetuoſité du coup ne depend pas
ſeulement de la viteſſe du mobile qui
frappe, mais auſſi du corps frappé, qui reçoit d'autant moins d'offenſe, qu'il cede
plus aiſément ; de ſorte qu'il n'eſt nullement frappé, s'il cede auſſi viſte que l'autre ſe meut : joint que s'il eſt frappé obli-
quement, comme il feroit par le mouuement tant horizontal, qu'oblique de la
parabole, le coup a moins d'effect ; de
ſorte qu'il faut que le corps frappe vn autre corps à angle droict, & qui ſoit im-
mobile pour auoir le coup dans la perfe-
ction de ſa force ; & meſme il ſera plus

Voyez la figure de la page 228.

Q ij

fort fi le corps qui doit eſtre frappé va à la
rencontre de celuy qui frappe.

ARTICLE V.

*Comme l'on trouue la hauteur de la cheute
neceſſaire pour deſcrire la parabole, & ſa
largeur, lors qu'on ſçait ſa hauteur & ſa
ſublimité.*

PROPOSITION V.

*Trouuer vn poinct dans l'axe prolongé en
haut de la parabole donnee, auquel le mobile tombant deſcriue ladite parabole.*

Voyez
la figure
de la pa.
ge 228. SOIT la parabole B D conditionnee
comme deuant, l'on trouuera le poinct
cherché, en deſcriuant la ligne B F parallele à l'horizontale C D, & ayant fait A B
eſgale à B C, il faut mener la tangente de
la parabole B D, qui la touchera en D, &
qui coupera l'horizontal B G en F : cela
fait, la troiſieſme proportiondelle à B A,
& B F, qui commencera en B, & ira plus
haut que A, donnera le poinct cherché :

d'où le mobile tombant iufques en B, &
continuant fon mouuement iufques en
C, defcrira cette demie parabole, pourueu que l'on s'imagine que fa viftelfe acquife en B fe torne en la ligne B G, tandis
qu il continuë iufques en C.

D'où il s'enfuit que la moitié de la largeur C D eft moyenne proportionnelle,
entre la hauteur & la fublimité de la parabole.

PROPOSITION VI.

*La fublimité & la hauteur de la parabole
eftant donnee, trouuer fa largeur.*

IL faut feulement trouuer la moyenne
proportionnelle entre la fublimité & la
hauteur; car le double de cette moitié
donne l'amplitude ou largeur de la parabole.

PROPOSITION VII.

De tous les mobiles qui descriuent des para-
boles de mesme largeur, celuy qui descrit
la parabole, dont la largeur est double de sa
hauteur, requiert la moindre impetuosité
de toutes les possibles.

CETTE Proposition est l'vne des
plus excellentes, car elle demonstre
pourquoy la portee du canon à quarante
cinq degrez est la plus longue de toutes,
comme l'on void dans la mesme demie
parabole, dont la longueur C D est double de sa hauteur BC, & la sublimité BA
esgale à la hauteur : Que la ligne B F soit
coupee par la tangente A D, il est euident que cette demie parabole est descrite par le missile, ayant conuerty son impetuosité B sur B G, lors qu'il descend de
B en C : d'où il est constant que l'impetuosité consideree en D, & composee des
deux susdites, est comme la diagonale A
F. laquelle est esgale en puissance à B F,
& BC. D'où il s'ensuit que le coup tiré

Voyez la figure de la page 228.

de D en B deſcrira la parabole D B, dont
la tangente fait l'angle demy droiĉt, auec
moins de force que tel autre coup qu'on
voudra.

PROPOSITION VIII.

*Les largeurs des paraboles deſcrites par des
miſsiles iettez auec vne meſme impetuoſité, à angles eſgaux tant deſſus que deſſous
la moitié de l'angle droiĉt, ſont eſgales.*

PAr exemple, puiſque vingt degrez
font vn angle plus petit de vingt-
cinq degrez que celuy de quarante-cinq,
& que ſeptante degrez font vn angle plus
grand de vingt-cinq degrez, le boulet
tiré à vingt degrez ira auſſi loin que celuy
qu'on tirera à ſeptante degrez , & ainſi
des autres.

PROPOSITION IX.

Lors que les hauteurs & les sublimitez des paraboles sont en raison reciproque, leurs largeurs sont esgales.

COMME il arriue lors que l'vne a vne toise de hauteur, & dix toises de sublimité, & l'autre dix toises de hauteur, & vne de sublimité.

PROPOSITION X.

L'impetuosité de toute sorte de demie parabole est esgale à celle de la cheute qui se fait par le plan perpendiculaire iusques à l'orizon, quand ledit perpendiculaire est composé de la hauteur, & de la sublimité de la parabole.

PAR exemple, si sa hauteur a neuf toises, & sa sublimité sept, c'est à dire si le plan perpendiculaire a seize toises de hauteur, l'impetuosité de l'extremité de la demie parabole aura seize degrez de force ou d'impetuosité. D'où l'on côclud que toutes les impetuositez des paraboles, dont les sublimitez iointes aux hauteurs, font des perpendiculaires esgales, sont aussi esgales.

ARTICLE V.

PROP. XI. XII. XIII. & XIV.

L'impetuosité & la largeur de la demie parabole estans données, trouuer sa hauteur : & calculer les largeurs de toutes les demies paraboles descrites par des missiles enuoyez de mesme impetuosité, afin de les reduire en des tables : & finalement trouuer toutes leurs hauteurs, par la connoissance de leurs largeurs, mises dans la Table suiuante, lors que l'on retient la mesme impetuosité, & determiner leues hauteurs & sublimitez par tous les degrez d'eleuation, lors que leurs largeurs doiuent estre égales.

CEt Article contient le fruict de ce V. Liure, parce qu'il donne les tables des portees du canon, & des au

tres armes à feu ; mais il faut supposer
que la largeur de la demie parabole soit
10000. afin de pouuoir vser des nombres
vulgaires qui se trouuent dans les tables
des tangentes & des sexantes : cela posé,
la moitié de la tangente de chaque degré
d'esleuation donnera la hauteur : par exéple, si la demie parabole a 30. degrez d'e-
leuation, & 10000. de largeur, sa hauteur
sera 2887. parce que ce nombre est quasi
la moitié de la tangente.

Or apres auoir trouué la hauteur, l'on
trouuera la sublimité : car puisque nous
auons monstré que la largeur de la demie
parabole est moyenne proportionnelle
entre la hauteur & la sublimité, & que la
hauteur est desia connuë, & que la moitié de la largeur est tousiours la mesme, à
sçauoir 5000. si l'on diuise son quarré,
c'est à dire 25000000. par la hauteur
donnee 2887. le quotiente 8639. donnera la sublimité cherchee.

D'où il s'enfuit clerement qu'il faut
tousiours vne plus grande impetuosité
par dessous ou par dessus 45. degrez,
pour pousser le missile aussi loin qu'à 45.
degrez, comme l'on void és tables qui

fuinent, efquelles l'addition de la hauteur & de la fublimité donne vn moindre
nombre, à fçauoir 10000. que nul autre :
car fi nous prenons, par exemple, 50. degrez d'efleuation, la hauteur fera 5959.
& la fublimité 4196. qui font enfemble
10155. Il arriue la mefme chofe à l'efleuation de 40. degrez, qui a fa hauteur
de 4196. comme la fublimité de
l'efleuation de 50. degrez : & fa fublimité de 5959. comme la hauteur de
l'efleuation 50. Ce qui arriue femblablement à tous les degrez de l'efleuation qui
font efgalement diftans de 45 degrez,
foit par deffous ou par deffus.

Remarque merueillleufe.

L'Impetuofité infinie pouffant vn miffile perpendiculairement en haut, ne
peut donner aucune largeur de parabole, & la mefme impetuofité ne peut auffi
enuoyer le miffile par vne ligne puremét
horizontale : car la pefanteur naturelle
fait toufiours incliner le miffile vers le
centre de la terre, & luy fait defcrire vne
parabole dautant moins haute, & plus
large, que le mouuement horizontal eft

plus grand que le perpendiculaire.

A quoy l'on peut adiouſter, qu'vne
chorde ne peut auſſi tellement eſtre tenduë horizontalement, qu'elle ne ſe pan-
che vn peu ; ce qui luy fait faire vne figure parabolique aſſez iuſte & exacte, lors
que ſa courbure n'eſt point plus grande
que de 45. degrez, & neantmoins d'autant plus exacte qu'elle a moins de degrez d'inclination, c'eſt à dire qu'elle
approche d'auantage de la ligne droicte :
de ſorte que la peſanteur de la chorde
repreſente le poids qui deſcend vers le
centre de la terre, & la force qui la tire repreſente l'impetuoſité horizontale.

Experience contre Galilee.

S'Il eſt veritable qu'vne bale d'harquebuſe, par exemple, ne puiſſe avoir aucune portee horizontale, à raiſon qu'au
premier moment qu'elle ſort du canon,
elle commence à deſcendre, & que la deſcente n'eſt nullement empeſchee par le
mouuement violent, donc la bale doit
deſcendre de deux toiſes de haut dans
le temps d'vne ſeconde minute. Or la bale qui va de poinct en blanc employe vne

feconde minute à faire 75. toifes ; donc
fuppofé que le canon foit en A efleué
deux toifes de D en A fur l'horizon D E,
& qu'il tire d'A en C, c'eft à dire paral-
lelement à l'horifon, il ne donnera pas au
blanc C, mais deux toifes plus bas en E,
puifque dans le temps d'vne feconde le

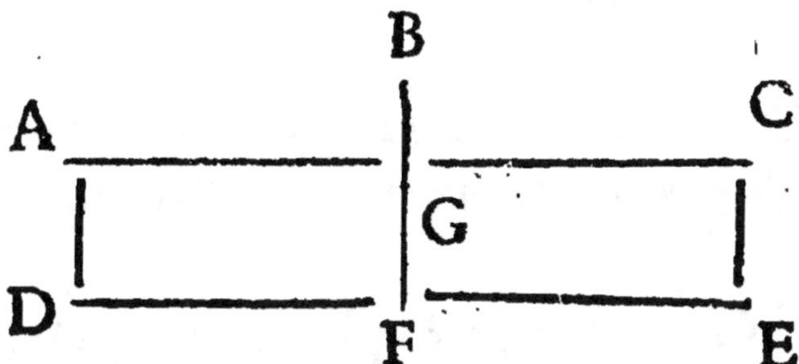

boulet defcendroit de C en E, ou d'A en
D, par fon mouuement naturel : car la
portee de 75. toifes d'A en C, qui dure
vne feconde, n'empefche point la defcente perpendiculaire de C en E, laquelle fe doit faire par tous les poin#ts de la
ligne A C ; de forte que depuis A iufques à E, la bale defcrit vne parabole.
Mais il faut éprouuer fi la table tiree d'A
en C monte premierement en B, faifant
vn arc d'A en B, & vn autre de B en C,
comme font les fleches, fuiuant ce que
i'ay defia remarqué dans la derniere Pro-

poſition du ſecond Liure des Mouuemens pag. 156. où il faut mettre à la quatrieſme ligne *parallele*, au lieu de *perpendiculaire*, & *Galé* ligne 14. au lieu de *Galilee*.

ARTICLE VI.

*Explication des Tables qui determinent la
longueur des volees des Miſsiles.*

NOvs auons expliqué les quatre lignes qui ſeruent à determiner la
proiection des miſsiles, à ſçauoir l'amplitude, ou la largeur, qui monſtre la portee de chaque coup, la hauteur, qui eſt
l'axe de la parabole, la ſublimité, & la ligne parabolique deſcrite par le miſsile.
C'eſt pourquoy il ne reſte plus qu'à mettre icy les Tables dont Galilee a fait le
calcul, & dont la premiere contient la
largeur. ou l'amplitude des demies paraboles deſcrites par vne meſme impetuoſité. La ſeconde donne leurs hauteurs, & la troiſieſme monſtre leurs hauteurs & leurs ſublimitez, lors que leurs

amplitudes ſont eſgales, à ſçauoir de 10000. Mais il ſuffit de mettre icy ces meſures de cinq en cinq degrez, au lieu qu'il les a miſes pour tous.

I. TABLE.
Pour la largeur des demies paraboles deſcrites par une meſme impetuoſité.

Degrez d'eſleuation.	Largeurs.
1	349
5	1736
10	3410
15	5000
20	6428
25	7660
30	8659
35	9396
40	9848
45	10000
50	9848
55	9396
60	8659

II. TABLE.
Pour leur hauteur par une meſme impetuoſité.

Degrez d'eſleuation.	Hauteurs.
1	3
5	76
10	302
15	670
20	1170
25	1786
30	2499
35	3289
40	4132
45	5000
50	5868
55	6710
60	7502

III. TABL.
Des hauteurs & ſublimitez pour les meſmes largeurs de 10000.

Deg. d'eleuatiõ.	Hauteurs.	Sublimit
1	87	286533
5	457	57147
10	881	28367
15	1339	18663
20	1820	13736
25	2332	10722
30	2887	8659
35	3501	7541
40	4196	5959
45	5000	5000
50	5959	4196
55	7141	3500
60	8600	2887

Degrez d'eſleuation.	Largeurs.	Degrez d'eſleuation.	Hauteurs.	Degrez d'eſleuation.	Hauteurs.	Sublimitez.
65	7660	65	8214	65	.0722	2331
70	6428	70	8830	70	13237	1819
75	ſ000	75	9330	75	18660	1339
80	3420	80	9698	80	28356	792
85	1736	85	9924	85	57150	437
89	349	90	1000	90	infinie.	
90	nulle.					

ADVERTISSEMENT.

I'Ay mis la portee d'harquebuze perpendiculaire horizõtale, & celle de 45.
dégrez, telles qu'elles ſe rencontrent dãs
l'air, dans le Liure de l'vtilité de l'Harmonie ; & ay trouué que celle de 45. n'eſt
que de 350. toiſes, & la perpendiculaire
de 288. lors que la portee de poinct en
blanc eſt de cent toiſes. Quant aux centres de grauité, Luc Valere en a traicté
aſſez amplement apres Commandin.

Mais au lieu de ce qu'en dit Galilee,
i'ay mis en la Preface ce que m'en a eſcrit
vn tres-ſçauant homme, afinque chacun
en ſoit participant.

Fin du cinquieſme Liure.